精 品 课 程 新 形 态 教 材
21 世纪应用型人才培养规划教材
“双 创” 型 人 才 培 养 优 秀 教 材

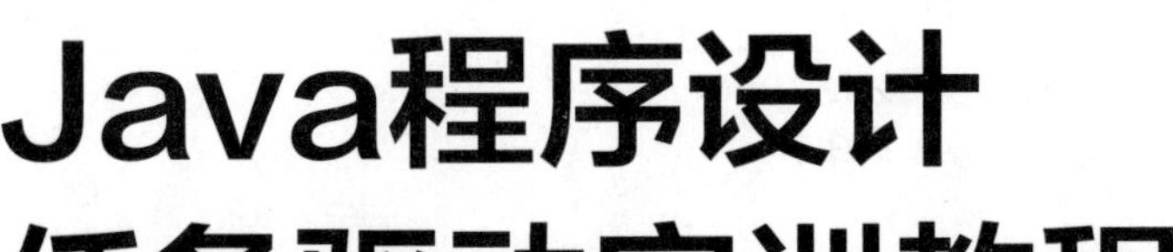

Java程序设计任务驱动实训教程

主 编 殷正坤 凌 敏

上海交通大学出版社
SHANGHAI JIAO TONG UNIVERSITY PRESS

内 容 简 介

本书全面介绍了Java程序设计的基本方法，内容包括Java语言概述、Java语言编程基础（数据类型与运算符、流程控制语句、数组）、面向对象编程的初级技术（类、对象、包）、面向对象编程的高级技术（继承、封装、多态、抽象类、接口）、异常处理、输入输出和多线程等。

本书可作为计算机相关专业的教材，也可作为计算机编程类培训班的教材。

图书在版编目（CIP）数据

Java程序设计任务驱动实训教程／殷正坤，凌敏主编.--上海：上海交通大学出版社，2018（2024重印）

ISBN 978-7-313-18884-7

Ⅰ.①J… Ⅱ.①殷…②凌… Ⅲ.①JAVA语言-程序设计-高等学校-教材 Ⅳ.①TP312.8

中国版本图书馆CIP数据核字（2018）第025319号

Java程序设计任务驱动实训教程

主　　编：殷正坤　凌　敏

出版发行：上海交通大学出版社　　地　　址：上海市番禺路951号

邮政编码：200030　　电　　话：021-64071208

印　　制：三河市龙大印装有限公司　　经　　销：全国新华书店

开　　本：787mm×1092mm　1/16　　印　　张：12

字　　数：211千字

版　　次：2018年2月第1版　　印　　次：2024年1月第3次印刷

书　　号：ISBN 978-7-313-18884-7

定　　价：39.50元

精品课程配套教材 “双创”型人才培养优秀教材 编写委员会

前　言

Java 是面向对象技术成功应用在程序设计中的典范，它的内容与特点与以往的其他程序设计有很大的不同。面向对象技术被认为是程序设计方法学的一场革命，它已经逐步替代面向过程的程序设计技术，成为计算机应用应用开发领域的主流趋势。

本书从基础性、实践性、实用性的角度出发，按照知识必备、引导实训、拓展实训、课后习题的次序组织内容。全书共分为 10 章，内容包括 Java 语言概述、数据类型与运算符、流程控制语句、数组、类和对象、继承与多态、抽象与接口、异常处理、输入与输出、多线程等。每课都精心设计了有针对性的上机实训题目，以激发学生学习兴趣，提高学生对 Java 语言编程知识的综合应用能力，逐步了解、掌握 Java 语言程序设计的规范与技巧。每章实训前配有知识必备，实训后配有课后习题，有利于学生更快掌握 Java 编程知识，巩固所学内容，也方便学生复习与自学。本书适宜作为高等院校计算机及其相关专业的 Java 程序设计课程配套实验教材。

本书由殷正坤、凌敏担任主编，由蓝敏、朱接文、俸学文、宋玉丽、李瑛、范海红、覃一海、李改、张洁、林波、成先镜、黄志文、聂莉娟担任副主编。在编写过程中，校企联合培养企业沈阳东软睿道教育集团的米迎春等高级工程师、长沙创博龙智信息股份有限公司曾涛等高级工程师对本书的编写提出了许多宝贵意见，在此向他们表示衷心的感谢！

由于时间仓促，加之水平有限，本书存在的不妥之处，欢迎各界专家和读者朋友批评指正。

编　者

目　录

第1章　Java语言概述

知识必备

1. Java 简介

Java是一种可以撰写跨平台应用软件的面向对象的程序设计语言，是Sun Microsystems公司于1995年5月推出的Java程序设计语言和Java平台的总称。Java技术具有卓越的通用性、高效性、平台移植性和安全性，广泛应用于个人PC、数据中心、游戏控制台、科学超级计算机、移动电话和互联网，同时拥有全球最大的开发者专业社群。

2. Java 技术体系平台

（1）Java SE（曾称为J2SE）称为Java标准版或Java标准平台。Java SE（Java Standard Edition）是Java各应用平台的基础，主要用于桌面开发和低端商务应用开发。可分为4个主要部分：即Java虚拟机（JVM）、Java运行环境（JRE）、开发工具及其API、Java语言等。

（2）Java EE（曾称为J2EE）称为Java企业版或Java企业平台。Java EE（Java Enterprise Edition）以Java SE为基础，主要用于企业级应用开发。提供面向分布式、多层式、组件式的Web应用程序的开发。

（3）Java ME（曾称为J2ME）称为Java微型版或Java小型平台。Java ME（Java Micro Edition）面向小型数字设备（如手机、PDA、股票机等）的移动应用程序开发及部署。

3. Java 开发工具

（1）JDK（Java开发工具）是许多Java初学者使用的开发环境，人们往往习惯简称为JDK（Java Development Kit）。目前应用较多的版本是JDK7.0或JDK8.0。JDK软件包提供了Java编译器、Java解释器和AppletViewer浏览器等可执行文件，但没有提供Java编辑器，初学者推荐使用Windows的“记事本”。

（2）开发工具Eclipse，Eclipse是基于Java、开放源码、可扩展的应用开发平台，它为编程人员提供了一流的Java集成开发环境（Integrated Development Environment，IDE），是一个可以用于构建集成Web和应用程序的开发工具平台，其本身并不会提供大量的功能，而是通过插件来实现程序的快速开发功能。

（3）MyEclipse，是在 eclipse 基础上加上自己的插件开发而成的功能强大的企业级集成开发环境，主要用于 Java、java EE 以及移动应用的开发。MyEclipse 的功能非常强大，支持也十分广泛。

4. Java 语言的运行原理

Java 语言源程序代码（.java）经过编译之后转换为字节码文件（.class），Java 虚拟机（JVM）将对字节码进行解释和运行。

Java 虚拟机（JVM）是运行 Java 程序的软件环境，Java 解释器就是 Java 虚拟机的一部分。Java 虚拟机（JavaVirtual Machine）可以理解成一个以字节码为机器指令的 CPU。在任何操作系统中，只要 JVM 存在，Java 程序都可以运行，真正实现了程序的可移植性。不同平台解释执行同样的 Java 字节码，实现了“一次编译，处处运行”。

5. Java 程序的开发步骤

（1）编写源文件。Java 是面向对象编程，Java 应用程序可以由若干个 Java 源文件所构成，每个源文件又是由若干个书写形式互相独立的类组成，但其中一个源文件必须有一个类包含有 main 方法，该类称作应用程序的主类。Java 应用程序从主类的 main 方法开始执行。

（2）编译。当保存了源文件后，就要使用 Java 编译器（javac. exe）对其进行编译。如果源文件没有错误，编译源文件将生成扩展名为 .class 的字节码文件，其文件名与该类的名字相同，被存放在与源文件相同的目录中。

（3）运行。使用 Java 虚拟机中的 Java 解释器（java. exe）来解释执行其字节码文件。运行 Java 的类文件，不需要指定文件扩展名。

6. Java 程序的类型及编程模式

（1）用 Java 书写的程序有两种类型：Java 应用程序（Java Application）和 Java 小应用程序（Java Applet）。Java 应用程序必须得到 Java 虚拟机的支持才能够运行。Java 小应用程序则需要客户端浏览器的支持。

（2）Application 的基本编程模式：

```
class 用户自定义的类名  // 定义类
{
    public static void main（String args［ ］）
    //定义 main（ ）方法
    {
        方法体
```

```
    }
}
```

（3）Applet 的基本编程模式：

```
import java. awt. Graphics;
//引入 java. awt 系统包中的 Graphics 类
import java. applet. Applet;
//引入 java. applet 系统包中的 Applet 类
class  用户自定义的类名  extends Applet  //定义类
{
  public void paint（Graphics g）  //调用 Applet 类的 paint（）方法
   {
    方法体
   }
}
```

7. java 编程习惯

（1）所有的 Java 语句必须以“;”结束。

（2）Java 区分大小写，拼写时要注意关键字和标识符构成字母的大小写。

（3）花括号成对出现。在写左花括号时，立即再写一个右花括号。类名称后面的花括号标示着类定义的开始和结束。习惯上，类名应以首字母大写开头；变量以小写字母开头；变量名有多个单词的，第一个单词后边的每个单词首字母应大写。

（4）程序段中适当增加空白行会增加程序的可读性。在定义方法内容的花括号中，将整个内容部分缩进一层，使程序结构清晰，程序易读。

（5）在程序中，一行最好只写一条语句。Java 允许一个长句分割写在几行中，但是不允许从标识符或字符串的中间分割。

（6）文件名与 public 类名在拼写及大小写上必须保持一致。

（7）如果一个 . java 文件含有多于一个 public 类，则是错误的。

（8）不以 . java 为扩展名的文件名是错误的。

（9）运行 appletviewer 时，文件扩展名不是 . htm 或 . html 是错误的，这将导致无法使 appletviewer 装载 Applet。

（10）编程风格。Allmans 风格也称作“独行”风格，即左、右大括号各自独占一行，当代码量较少时适合使用“独行”风格，代码布局清晰，可读性强。

Kernighan 风格也称作“行尾”风格，即左大括号在上一行的行尾，右大括号独占一行，当代码量较大的时候适合使用“行尾”风格，因为该风格能够提高代码的清晰度。

（11）注释。单行注释使用“//”表示单行注释的开始，从“//”开始以后的内容均为注释部分。多行注释使用“/＊”表示注释的开始，以“＊/”表示注释的结束。

引导实训

【实训 1-1】 JDK 的下载与安装

【实训目的】

（1）掌握 JDK（JavaSE Development Kits）的下载方法。

（2）了解如何安装 JDK。

（3）如何配置 JDK。

【实训步骤】

1. JDK 的下载

（1）登录 Sun 公司的官方网站 http：//www. oracle. com（见图 1-1）。

图 1-1

（2）光标移动到“Downloads”选项卡（见图 1-2）。

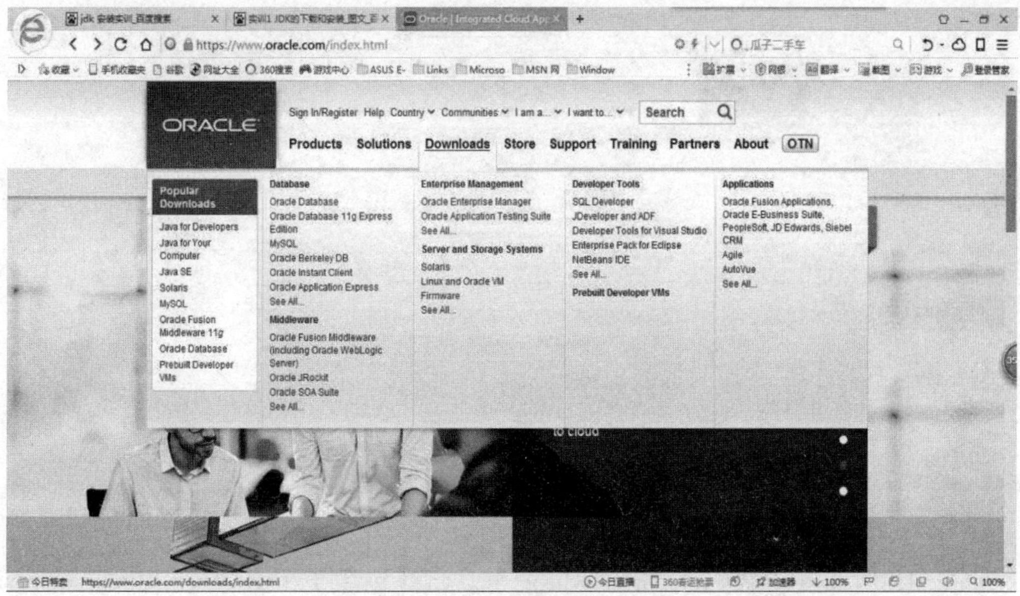

图 1-2

（3）在“Downloads”选项卡中单击“Java for Developers”按钮（见图 1-3）。

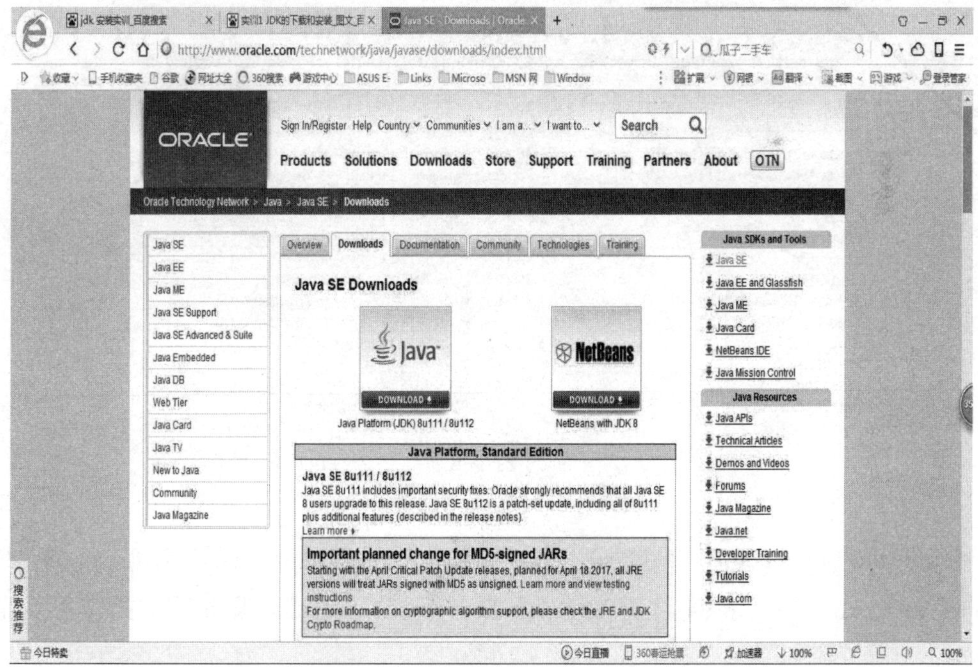

图 1-3

（4）在这个页面的“Java SE”中，单击 JDK 下方的“Downloads”按钮（见图 1-4）。

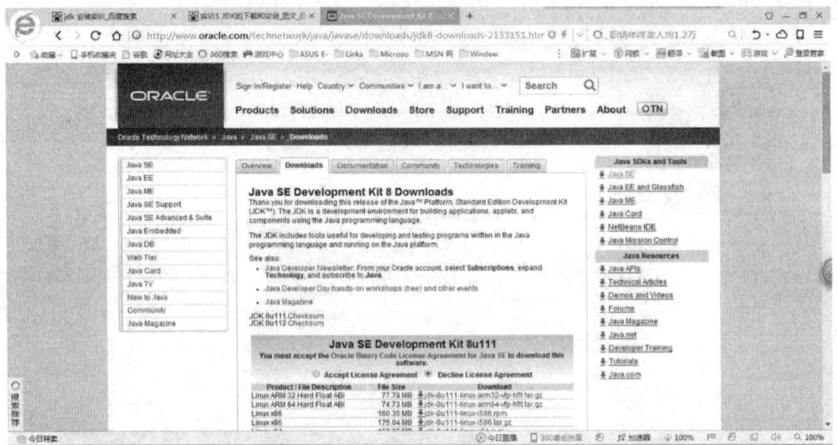

图 1-4

• 在 JDK（Java SE Development Kits）中，已经包含了 JRE（Java Runtime Environment）。JDK 用于开发 Java 程序，JRE 用于运行 Java 程序。

（5）在这个页面中单击“Accept License Agreement”接受许可协议，然后下载 jdk-8u111-windows-i586. exe（见图 1-5）。

Java SE Development Kit 8u111

You must accept the Oracle Binary Code License Agreement for Java SE to download this software.

○ Accept License Agreement ◉ Decline License Agreement

Product / File Description	File Size	Download
Linux ARM 32 Hard Float ABI	77.78 MB	jdk-8u111-linux-arm32-vfp-hflt.tar.gz
Linux ARM 64 Hard Float ABI	74.73 MB	jdk-8u111-linux-arm64-vfp-hflt.tar.gz
Linux x86	160.35 MB	jdk-8u111-linux-i586.rpm
Linux x86	175.04 MB	jdk-8u111-linux-i586.tar.gz
Linux x64	158.35 MB	jdk-8u111-linux-x64.rpm
Linux x64	173.04 MB	jdk-8u111-linux-x64.tar.gz
Mac OS X	227.39 MB	jdk-8u111-macosx-x64.dmg
Solaris SPARC 64-bit	131.92 MB	jdk-8u111-solaris-sparcv9.tar.Z
Solaris SPARC 64-bit	93.02 MB	jdk-8u111-solaris-sparcv9.tar.gz
Solaris x64	140.38 MB	jdk-8u111-solaris-x64.tar.Z
Solaris x64	96.82 MB	jdk-8u111-solaris-x64.tar.gz
Windows x86	189.22 MB	jdk-8u111-windows-i586.exe
Windows x64	194.64 MB	jdk-8u111-windows-x64.exe

图 1-5

• jdk-8u111-windows-i586. exe（适用于 32 位的 Windows 操作系统）；jdk-8u111-windows-x64. exe（适用于 64 位的 Windows 操作系统）。自己根据相应的操作系统下载对应文件。

2. JDK 的安装

（1）双击下载好的 jdk-8u111-windows-i586，进入安装向导（见图 1-6）。

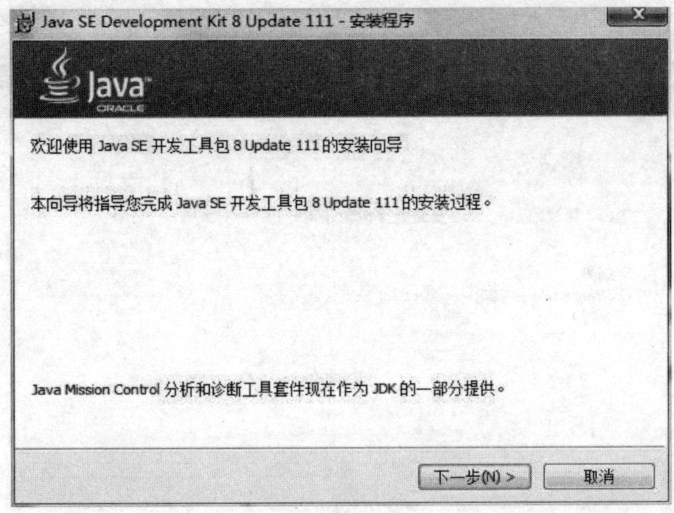

图 1-6

（2）单击“下一步”按钮（见图 1-7）。

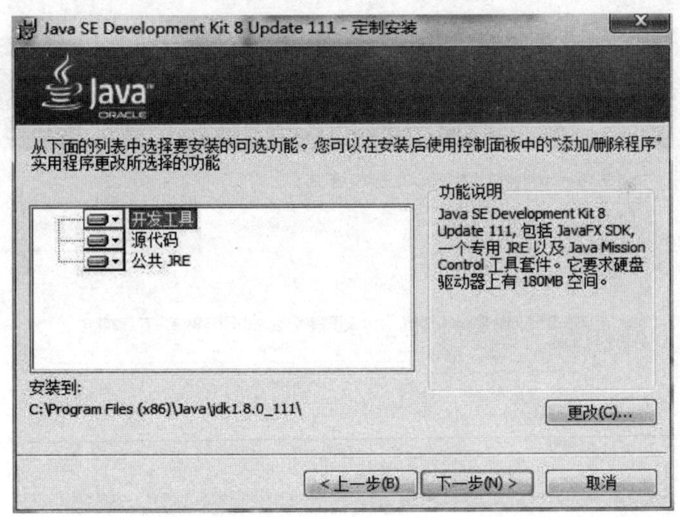

图 1-7

（3）单击“开发工具”前的下拉箭头，选择“此功能及所有子功能安装在本地硬盘驱动器上”选项。单击“更改”按钮，更改 JDK 的安装路径为“C：\ Java \ jdk \ ”。

- 在 Windows 系统中，软件默认安装到“Program Files”文件夹中，但因为这个路径中包含了空格，所以通常建议将 JDK 安装到没有空格的路径下。

（4）单击“下一步”按钮。JDK 安装完成后，显示的是 JRE 的安装路径。单击“更改”按钮，更改安装路径为“C：\ Java \ jre7 \ ”。单击“下一步”按钮（见图 1-8）。

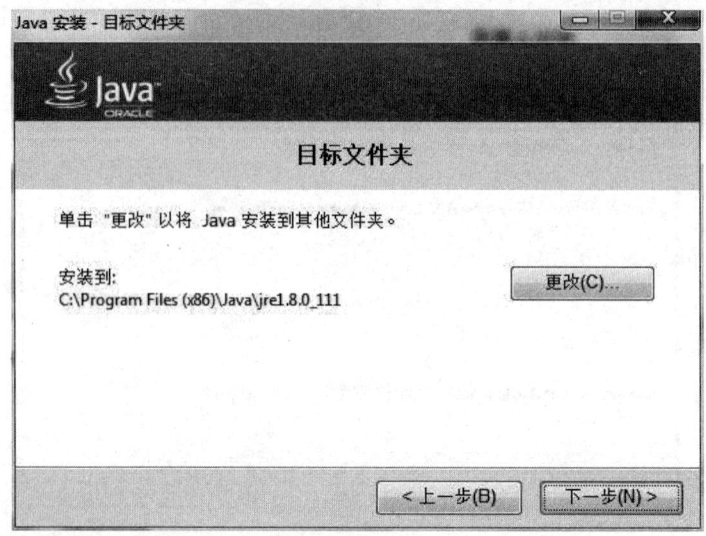

图 1-8

（5）安装完毕后，单击“关闭”按钮结束安装（见图 1-9）。

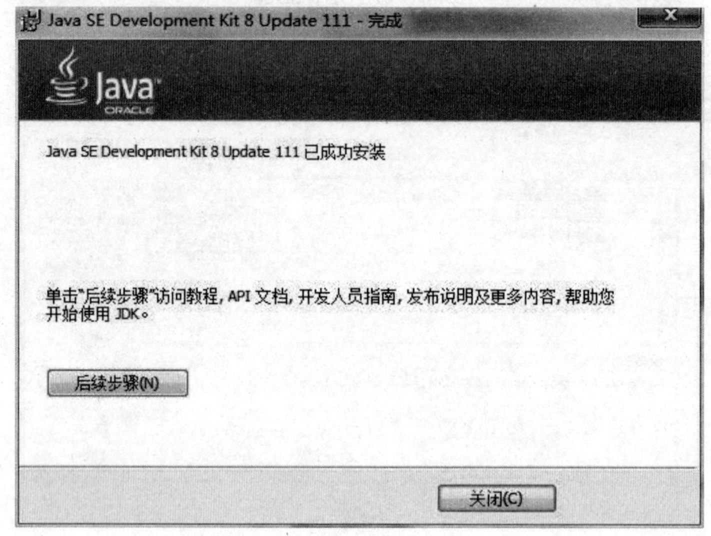

图 1-9

3. JDK 的配置

安装完 JDK 后需要对环境变量进行配置。

在 Windows 7 系统中，JDK 的配置具体步骤如下：

（1）在桌面右击“计算机”图标，在弹出的快捷菜单中选择“属性”选项（见图 1-10）。

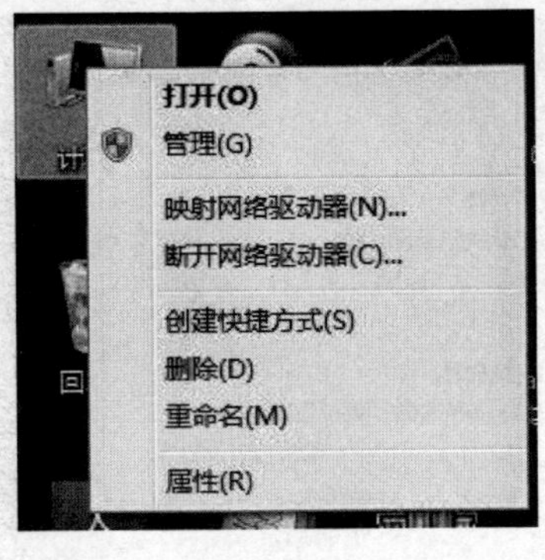

图 1–10

（2）在下面的“系统”对话框中单击“高级系统设置”按钮（见图 1–11）。

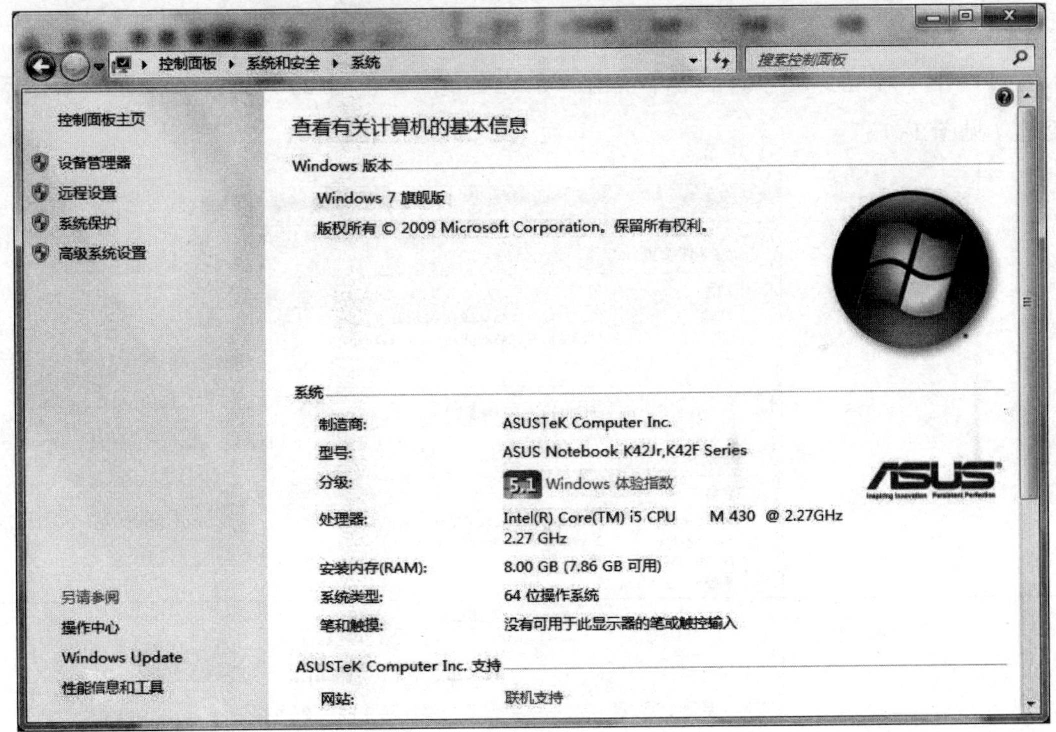

图 1–11

（3）在“系统属性”对话框中单击“高级”选项卡，在这个选项卡中单击“环境变量”按钮（见图 1–12）。

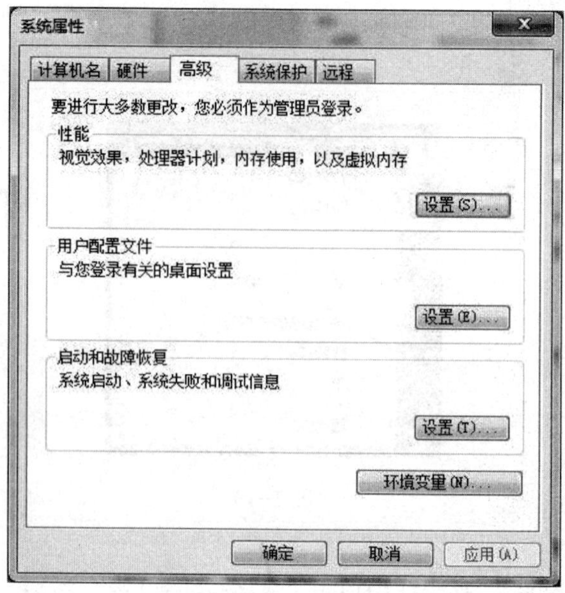

图 1-12

（4）在“环境变量”对话框中单击“系统变量”一栏中的“新建”按钮，新建系统变量（见图 1-13）。

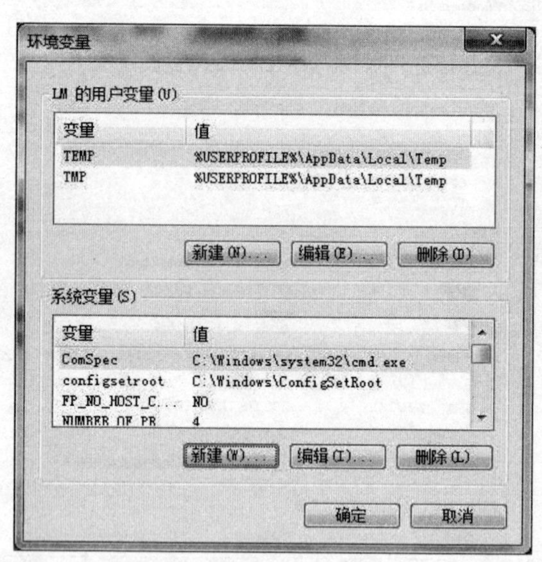

图 1-13

（5）在“新建系统变量”对话框的“变量名”输入框中输入：JAVA_ HOME，在变量值输入框中输入：C：\ Program Files Java \ jdk1. 8. 0_ 111（注意：此处应为实验中 jdk 的实际安装路径）。单击“确定”按钮，完成对环境变量 JAVA_ HOME 的配置（见图 1-14）。

图 1-14

(6) 在“环境变量”对话框的“系统变量”一栏中单击选中变量“Path”，单击“编辑”按钮，编辑这个系统变量。在“变量值”输入框的起始位置添加:;%JAVA_ HOME% \ bin;。单击“确定”按钮完成对环境变量 Path 的配置（见图 1-15）。

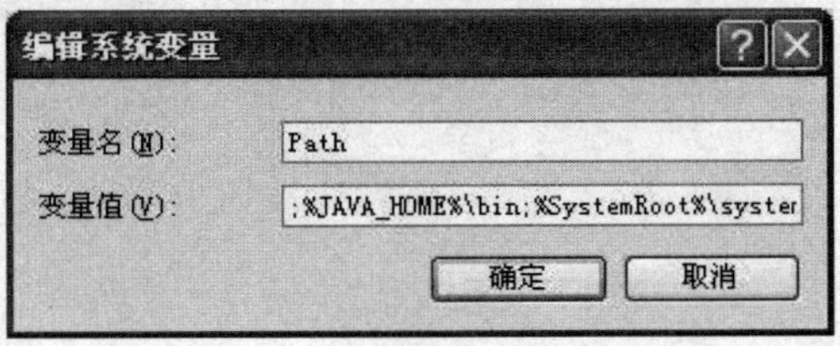

图 1-15

● 如果没有找到系统变量 Path 则需要新建系统变量 Path。

在 Windows 系统中，环境变量需要用英文分号进行分隔；在 Linux 系统中，环境变量需要用英文冒号进行分隔。注意全角半角的区别。

以上是在 Windows 7 中对环境变量进行配置的步骤，其他操作系统中的操作方法可以参考以上步骤进行。

(7) 在命令行查看 JDK 的配置是否正确。

①按下快捷键“WIN+R”，弹出“运行”对话框，在里面输入 cmd，单击“确定”按钮（见图 1-16）。

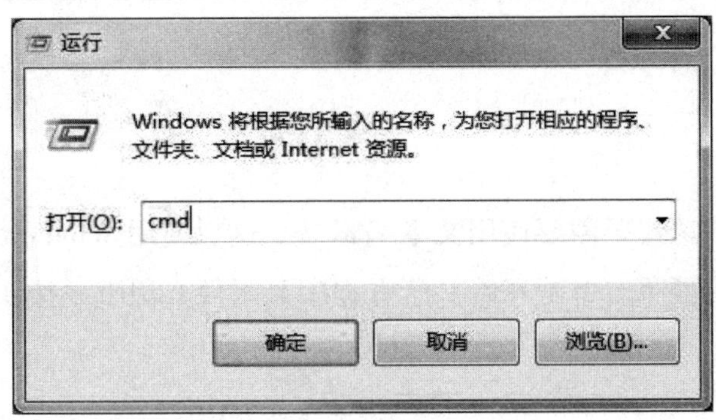

图 1-16

②在命令行窗体中输入 java -version，回车（见图 1-17）。

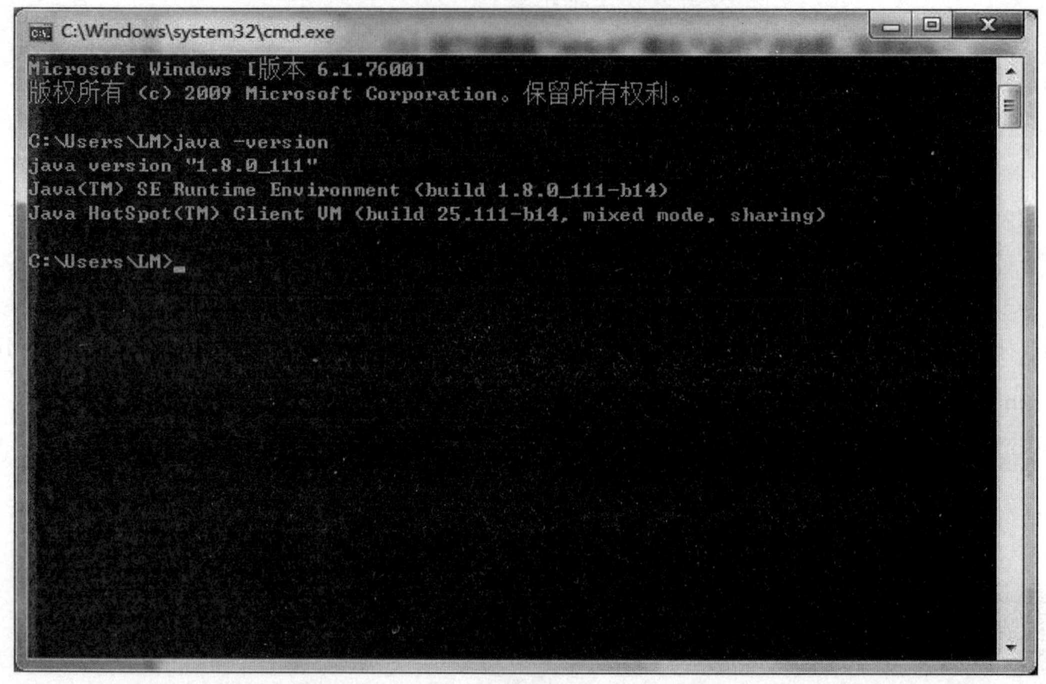

图 1-17

• 此处应该出现用户所安装的 JDK 的版本信息，如果没有出现版本信息，说明 jdk 没安装好，或是环境变量没配置好。

【实训 1-2】 第一个 Java 程序

【实训目的】

（1）了解利用“记事本”编辑 JAVA 程序的方法。

（2）了解利用 Javac 命令编译 JAVA 程序的方法。

（3）掌握开发 Java 应用程序的 3 个基本步骤，编写源文件、编译源文件和运行应用程序。

【实训步骤】

1. 编写源代码

编写 Java 程序的源代码需要使用文本编辑器。这里使用 Windows 自带的记事本。

（1）打开记事本程序。单击开始 | 所有程序 | 附件 | 记事本按钮（见图 1-18）。

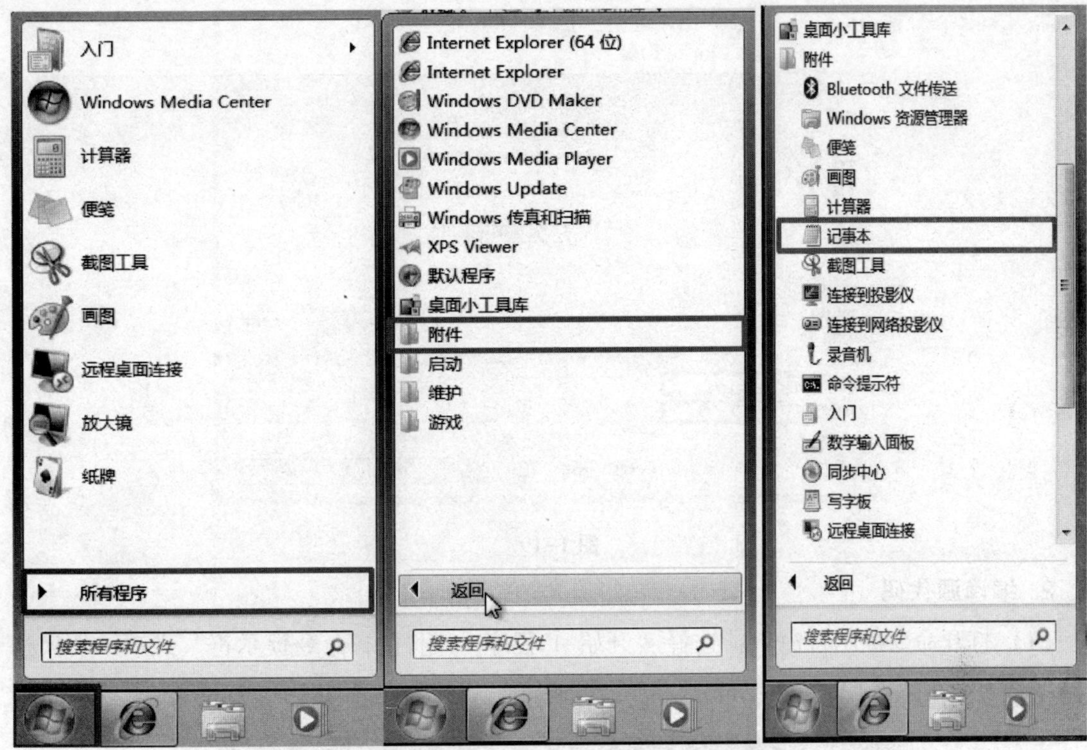

图 1-18

(2) 打开记事本程序后，输入 MyApp 类的代码：

```
public class MyApp {
    public static void main (String [ ] args) {
        System. out. println ( “我能学好 Java 语言!” );
    }
}
```

(3) 执行“文件”菜单下的“保存”命令，保存文件到 D：\ java，文件名为：MyApp. java。

- JAVA 程序代码后缀为 . java，文件名常常要求保持和类名一致。JAVA 语言是严格区分大小写字母的，但是 Windows 的文件名却不区分大小写。
- 记事本程序保存文件时默认的文件类型为文本文档（ * . txt），而 Java 源程序文件的扩展名为 . java，所以需要重新选择文件类型为“所有文件”，然后在“文件名”输入框中输入文件名 MyApp 和扩展名 . java，最后单击“保存”按钮保存文件（见图 1-19）。

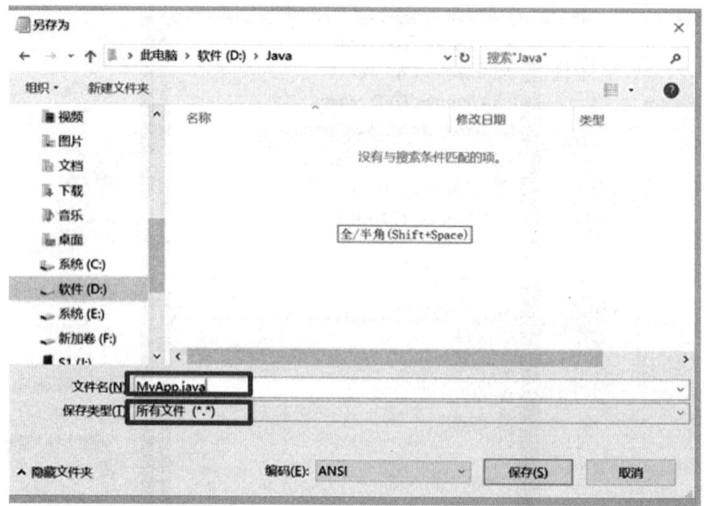

图 1-19

2. 编译源代码

（1）打开命令提示符窗口：选择“开始 | 程序 | 附件 | 命令提示符”选项，切换当前路径至 D：\ java（见图 1-20）。

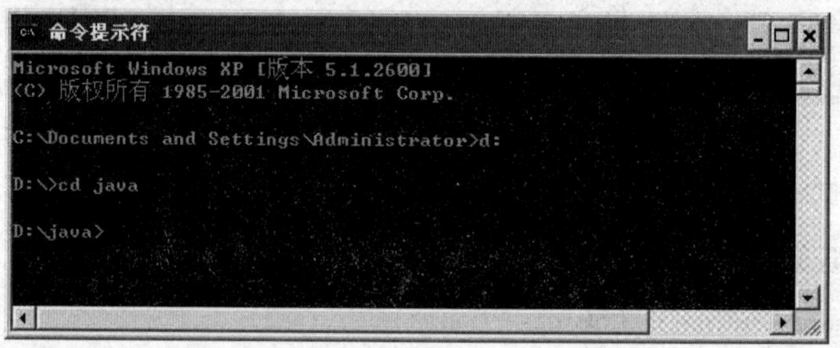

图 1-20

（2）输入 javac MyApp. java，进行编译。

- javac 和 MyApp. java 之间存在一个空格。必须输入文件的扩展名 . java（见图 1-21）。

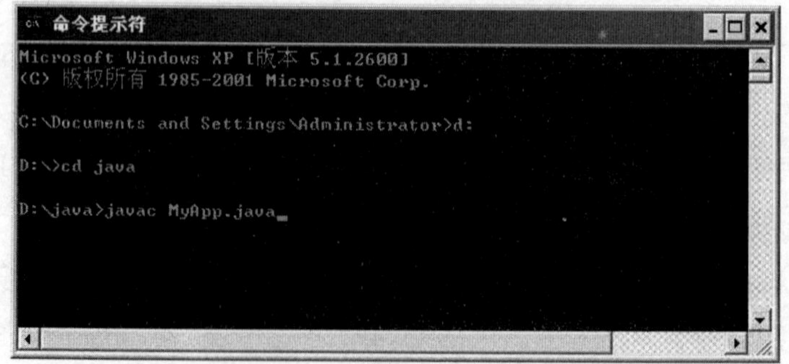

图 1-21

命令提示符重新出现，如果没有错误提示，则表示编译成功。在 D：\ java 下会产生字节码文件 MyApp. class（见图 1-22）。

图 1-22

3. 运行 . class 字节码文件

输入 java MyApp，运行程序。

- java 和 MyApp 之间存在一个空格。无须输入文件的扩展名 . java（见图 1-23）。

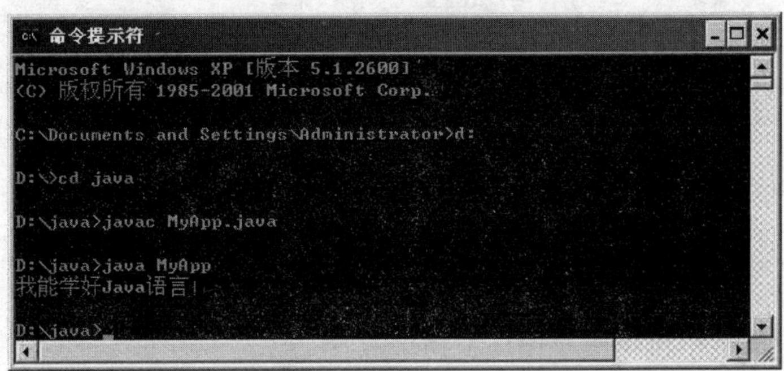

图 1-23

【实训 1-3】用 Java 进行简单程序设计

【实训目的】

（1）了解字符方式下数据的输出方式。

（2）掌握 Java 编译运行的过程。

【实训内容】

编写应用程序输出如下菜单（见图 1-24）。

```
*************************
**       1. 求圆面积      **
**       2. 求圆周长      **
**       0. 退   出      **
*************************
```

图 1-24

【参考程序】

```
public class SimpleMenu {
public static void main (String [ ] args) {
System.out.println ("  ***************************" );
System.out.println ("  **        1. 求圆面积              **" );
System.out.println ("  **        2. 求圆周长              **" );
System.out.println ("  **        0. 退    出              **" );
System.out.println ("  ***************************" );
}
}
```

输出结果（见图 1-25）。

```
***********************
**      1. 求圆面积      **
**      2. 求圆周长      **
**      0. 退  出        **
***********************
```

图 1-25

【注意】

（1）用 System.out.println 方法在命令控制台输出字符串。

（2）字符串中的空格符将照原样逐个输出。

【思考】

（1）上图中的菜单太靠左边了，如何让其输出往右移 4 个字符的位置？

（2）System 的首字母可以用小写吗？SimpleMenu 的首字母可以用小写吗？

【实训 1-4】同一文件中含有两个类

【实训目的】

了解如何访问另一个类的静态属性。

【实训内容】

```
public class My {
    public static void main (String [ ] args) {
        System.out.println (you.info);
    }
```

```
}
class you {
    static String infp=" 同学们好!";
}
```

【思考】

（1）编译会产生多少个类文件？分别用什么名字？

（2）执行程序用命令“javaMy”，为何不能用“java you”？

（3）可将 My 类中的 main 方法复制或剪切到 you 类，重新编译调试，测试是否可用命令“java you”来执行程序。

（4）通常，编译和运行程序用同一文件名，因此，一般将 main 方法安排在主类中。

【实训 1-5】用 Eclipse 编写“我的第一个 Java 程序”

【实训目的】

（1）掌握开发 Java 应用程序的 3 个基本步骤：编写源文件、编译源文件和运行应用程序。

（2）初步了解 Eclipse 的使用方法。

【实训步骤】

1. 下载 Eclipse

（1）访问 http://www.eclipse.org/downloads/eclipse-packages/（见图 1-26）。

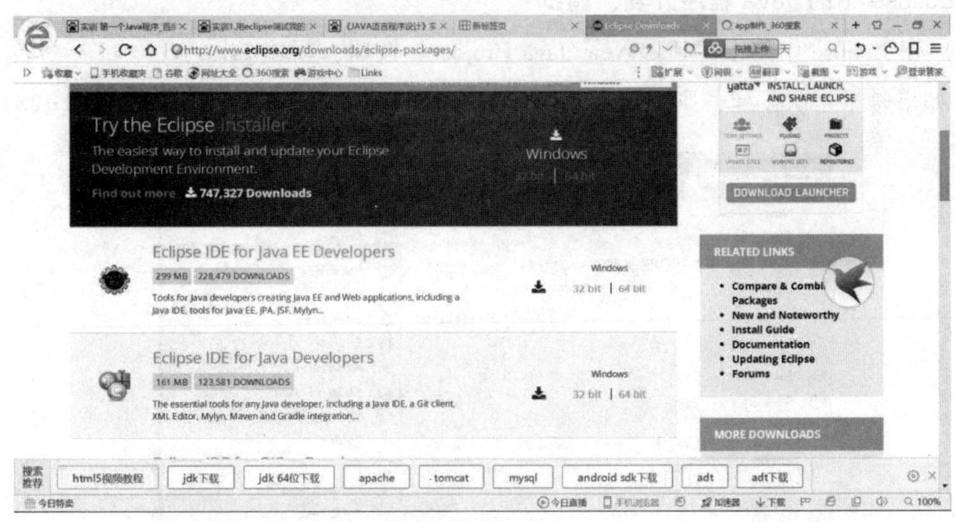

图 1-26

（2）选择“Eclipse IDE for Java Developers”选项，并根据用户的系统选择 32 位的或者 64 位的版本。

- Eclipse 当前版本 4.6 被命名为 Neon，要求安装 Jdk1.8。
- Eclipse 版本如果是 32 位的，则要求安装 Jdk1.8 也是 32 位程序；Eclipse 版本如果是 64 位的，则要求安装 Jdk1.8 也是 64 位程序。

（3）下载好的 eclipse-java-neon-2-win32-x86_ 64.zip 是免安装的，解压到某个目录。例如：D：\ software\ （见图 1-27）。

图 1-27

（4）运行 Eclipse。

2. Eclipse 下的 Java 程序开发、调试

（1）在 Eclipse 中单击“File/New/Java Project”按钮，新建 Java 项目。

- 如果是第一次创建，则单击“File/New/other/Java Project”按钮（见图 1-28）。

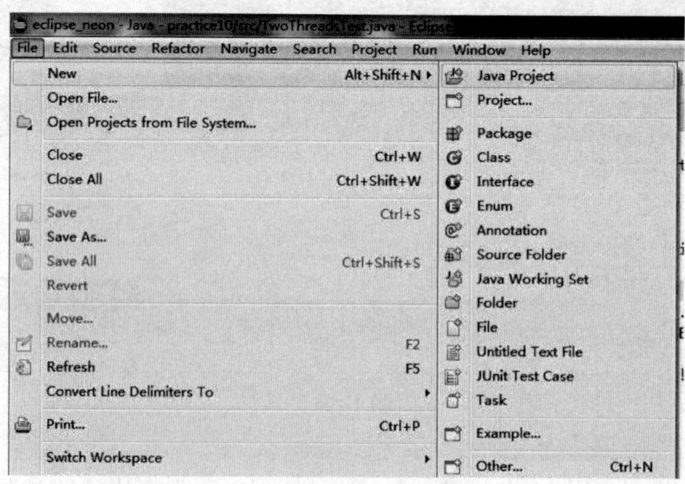

图 1-28

（2）在 Project name 处输入项目名称“MyFirstJava”（可以自己起名），并单击“Finish”按钮，完成新建项目（见图 1-29）。

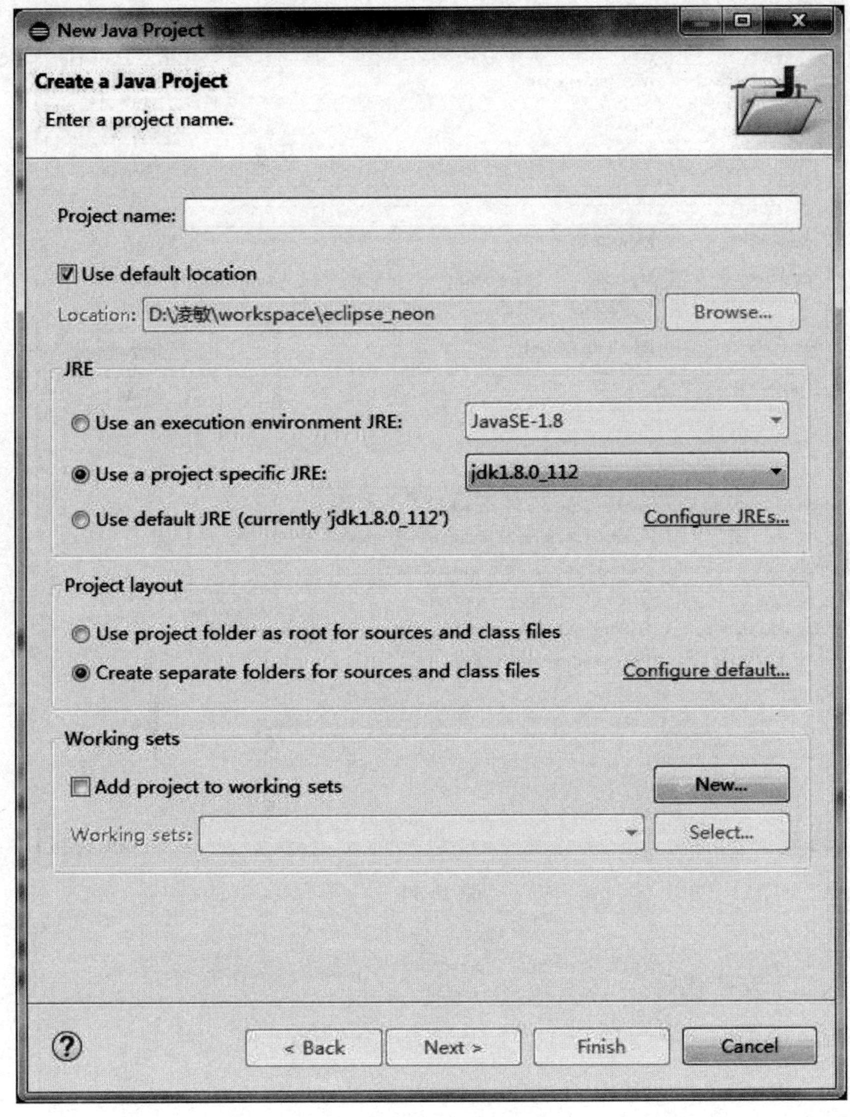

图 1-29

（3）在 Eclipse 中单击“File/New/Class”按钮，新建 Java 类。

（4）根据 Java 代码规范输入包名 ljp（小写，可以自定义），类名 MyApp，并选择“自动产生 main 函数”选项，最后单击“Finish”按钮（见图 1-30）。

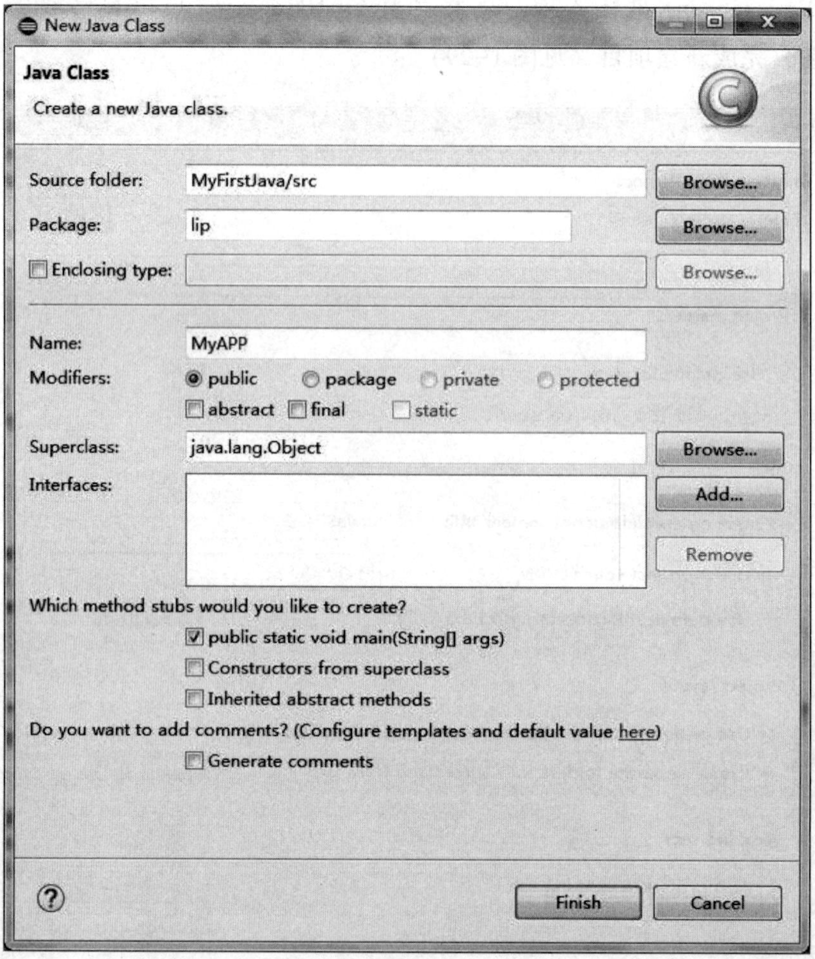

图 1-30

（5）输入如下实验代码。

```
public class MyApp {
    public static void main (String [ ] args) {
        System. out. println ( "我能学好 Java 语言!" );
    }
}
```

（6）单击运行按钮 （或按 Ctrl+F11 快捷键），就可以在控制台（Console）中看到运行结果。

拓展实训

（1）请利用记事本编写一个 Java 应用程序 HelloWorld. java，其功能是在控制台输出“Hello World!”。

（2）请在 Eclipse 中编写一个 Java 应用程序 HelloWorld. java，其功能是在控制台输出“Hello World!”。

（3）分析程序的输出。

```
public class Exercise3_ 1 {
    public static void main (String [ ] args) {
        System. out. println ( “This is a ” );
        System. out. println (“string. ” );
    }
}
```

请写出该程序的输出结果：

（4）分别编写 Java 应用程序，程序实现如下三角形图案的绘制。

```
  *
 ***
*****
```

课后习题

1. 填空题

（1）Java 的三大体系分别是________、________、________。

（2）Java 程序的运行环境简称为________。

（3）编译 Java 程序需要使用________命令。

（4）javac. exe 和 java. exe 两个可执行程序存放在 JDK 安装目录的________目录下。

（5）________环境变量用来存储 Java 的编译和运行工具所在的路径，而________环境变量则用来保存保存 Java 虚拟机要运行的“. class”文件路径。

2. 选择题

（1）以下选项中，（　　）属于 JDK 工具。（多选）

A. Java 编译器　　B. Java 运行工具

C. Java 文档生成工具　　D. Java 打包工具

（2）Java 属于以下（　　）语言。

A. 机器语言　　B. 汇编语言　　C. 高级语言　　D. 以上都不对

（3）下面（　　）类型的文件可以在 Java 虚拟机中运行。

A. . java　　B. . jre　　C. . exe　　D. . class

（4）安装好 JDK 后，在其 bin 目录下有许多 exe 可执行文件，其中 java. exe 命令的作用是（　　）。

A. Java 文档制作工具　　B. Java 解释器

C. Java 编译器　　D. Java 启动器

（5）如果 jdk 的安装路径为：d：\ jdk，若想在命令窗口中任何当前路径下，都可以直接使用 javac 和 java 命令，需要将环境变量 path 设置为（　　）。

A. d：\ jdk；　　B. d ： \ jdk \ bin；

C. d：\ jre \ bin；　　D. d：\ jre；

第 2 章　数据类型与运算符

知识必备

1. 标识符与关键词

（1）标识符（identifier）。程序员对程序中的各个元素加以命名时使用的命名记号，以字母（a~z、A~Z）、下划线（_）或美元符（$）开始，后面可以包含字母、下划线、美元符、数字（0~9）。

（2）关键词。关键词是指高级语言中定义过的词，有特殊的含义和专门用途，程序员不能用它们作为变量名或函数名等使用。

2. 数据类型

（1）整数类型（见表 2-1）。

表 2-1

类型	存储要求	表示范围
int	4 字节	-2 147 483 648 ~ 2 147 483 647
byte	1 字节	-128 ~ 127
short	2 字节	-32 768 ~ 32 767
long	8 字节	-9 223 372 036 854 775 808 ~ 9 223 372 036 854 775 807

在 Java 代码中整数都是 int 型。表示 long 型的整数需附设一个后缀 L 或 l。

（2）浮点类型（见表 2-2）。

表 2-2

类型	存储要求	表示范围
float	4 字节	+/- 3. 402 823 47E+38F（有效小数位数为 6~7 位）
double	8 字节	+/-1. 797 693 134 862 315 70E+308（有效小数位数为 15）

在 Java 代码中浮点数都是 double 类型。表示 float 型数需加后缀 F 或 f。

（3）布尔类型。布尔类型用于逻辑条件判断，true 和 false，不能与其他数据类型转换。

3. 变量与常变量

计算机内存中用于在程序运行时保存数值的存储单元称为“变量”，变量中的数值保持不变称为“常变量”，通过变量名可以存取或修改相应存储单元中的数据。

（1）声明变量：变量在使用前都必须声明，即指定变量的类型。

（2）赋值：声明一个变量后，必须通过赋值语句对它进行初始化。

（3）常变量：常变量表示变量的值初始化后不再修改，声明时类型名前添加关键字 final。常变量只能初始化一次，一般采用大写字母命名。

4. 运算符

（1）算术运算符。

①算术运算符就是进行加、减、乘、除、取余运算的符号，对应的运算符是“+”“-”“*”“/”“%”，算术运算符是实现整型数据类型和浮点数据类型间的计算。

②在 java 中算术运算符还有递增和递减操作，分别使用“++”“--”来表示，“++”表示值加 1；“--”表示值减 1；++、--用于增 1、减 1 运算。

③放在操作数之前，Java 会在表达式的其余部分使用操作数之前先对此操作数进行增 1、减 1 运算。

④放在操作数之后，Java 会先将操作数的值用于表达式，然后对此操作数进行增 1、减 1 运算。

（2）关系运算符。

①关系运算符适用于判断大小或者真假，返回值为布尔类型。

②关系运算符通常和逻辑条件语句来进行配合使用。

③关系运算的结果只有两种，即真（true）和假（false）。

④java 中的关系运算符有六种，分别如下：

>：大于，例如，x>y 则为真，否则为假。

<：小于，例如，x<y 则为真，否则为假。

>=：大于等于，例如，x>=y 则为真，否则为假。

<=：小于等于，例如，x<=y 则为真，否则为假。

==：等于，例如，x==y 则为真，否则为假。

！=：不等于，例如，x！=y 则为真，否则为假。

（3）逻辑运算符。

①逻辑运算符的运算对象是布尔变量，当需要同时对多个条件进行判断时需要使用逻辑与符号“&&”和逻辑或符号“||”。

②共有 6 种逻辑运算符：

&：与，例如，x&y，表示 x 和 y 都真则真。

|：或，例如，x|y，表示 x 和 y 中有一个为真则真。

!：逻辑非，例如，! x，表示 x 为真则假，x 为假则真。

&&：逻辑与，表示 x 和 y 都真则为真。

||：逻辑或，表示 x 和 y 有其一为真则为真。

^：异或，表示 x 和 y 都为真或者都为假时为假。

③&& 和 &、|| 和 | 的判断值结果相同，但是它们之间还是有区别的，&& 和 || 如果计算完左边的值就可以确定整个表达式的值，则没有必要再去进行计算。但是 & 和 | 需要将两边的结果全部计算完毕后才可以计算结果值。

（4）位运算符。用于整数的二进制位的操作（测试、设置或移位）。位运算符：&、|、^、>>、>>>、<<、~。

①运算符 & 可用于将指定位设为 0，或判断哪些位为 1、哪些位为 0。

②运算符 | 可以用于将指定位设为 1。

③>>是每右移 1 位会将所有二进制位都向右移动一个位置，符号位不变。

④<<是每左移 1 位会将所有二进制位向左移动一个位置，右端补 0。

（5）赋值运算符。赋值运算符只有一个，即“=”。赋值运算符用于将运算符右边的值赋给运算符左边的变量。

（6）条件运算符。

expression ? true_ result : false_ result

表达式 expression 必须返回 boolean 类型的结果，若结果为 true，则条件运算符返回表达式 true_ result 的值，否则返回表达式 false_ result 的值。

（7）运算符优先级（见表 2-3）。

表 2-3

优先级	运算符类型	运算符
优先级最高	一目运算符	[ ] . ()（方法调用）
		! ~ ++ -- + - new ()（强制类型转换）

续表

<table>
<tr><th>优先级</th><th>运算符类型</th><th>运算符</th></tr>
<tr><td rowspan="2">优先级较高</td><td>算术运算符</td><td>* / % + -</td></tr>
<tr><td>位运算符</td><td><< >> >>></td></tr>
<tr><td rowspan="3">优先级较低</td><td>关系运算符</td><td>< <= > > == ! =</td></tr>
<tr><td>逻辑运算符</td><td>& ^ | && | |</td></tr>
<tr><td>条件运算符</td><td>?:</td></tr>
<tr><td>优先级最低</td><td>赋值运算符</td><td>=</td></tr>
</table>

5. 类型转换

在使用算术运算符、赋值运算符时，如果两个操作数的类型不同时，在运算前会对操作数进行隐式类型转换，如果转换中有精度损失，则必须通过强制类型转换来完成。

引导实训

【实训 2-1】变量的数据及赋值

【实训目的】

了解变量的赋值及转换问题。

【实训内容】

（1）在程序中定义变量名为 *a*、*b*、*c*、*d*、*e* 几个变量，类型分别为 int、boolen、float、double、char，给其赋值并输出各变量的结果。

【参考程序】

```
public class test1 {
    public static void main (String [ ] args) {
        int a=20;
        boolean b=false;
        float  c=3. 14159f;
        double d=3. 14159;
        char e='b' ;
        System. out. print ("  a="  +a+"," );
        System. out. print ("  b="  +b+"," );
        System. out. print ("  c="  +c+"," );
```

```
        System.out.print ("  d="  +d+",");
        System.out.print ("  e="  +e);
    }
}
```

调试程序，理解变量的赋值，输出内容之间如何使用“+”进行拼接。

【思考】是否可以将 12345678 赋给 a？是否可以将 3.14159 赋给 c？如何将反斜杠转义字符赋值给 e？

（2）理解强制转换。

①修改上面程序，用如下语句给 a 赋值是否可以？

```
int a=Math.random ();
```

其中，Math.random () 是产生 0~1 之间的随机小数。

观察编译指示的错误，总结原因。

②改为如下语句：

```
int a= (int) Math.random ();
```

调试运行程序，观察 a 的输出结果，多运行几次，看结果如何，分析原因。

③再修改程序如下：

```
int a= (int) (Math.random () *100);
```

调试运行程序，多运行几次，看结果如何，分析原因。

【思考】如何让产生的随机整数范围在 10~90 之间，包括 10 和 90。

【实训 2-2】局部变量与 final 变量

【实训目的】

熟悉局部变量与常量。

【实训内容】

编写以下程序，并回答问题。

```
public class LocalVariableInitExample {
    public static void main (String [] args) {
        int a;
        System.out.print (a);
        final int b = 100;
        b++;
        System.out.print (b);
```

```
    }
}
```

【思考】请问上述程序有何错误？如何改正？

错误：

a 没有初始化，不能使用。

b 是常量，只能赋值一次，不能进行 b++。

改正：

对 a 进行初始化：int a=10；把 b++去掉。

【实训 2-3】典型运算符的使用

【实训目的】

（1）熟悉“++”和“%”运算符的使用。

（2）熟悉“/”和“逻辑”运算符的使用。

【实训内容】

（1）理解“++”运算符的位置差异。

【参考程序】

```
public class test3_ 1 {
    public static void main (String args [ ] ) {
        int a=20;
        int b=a++;
        System. out. println (" a=" +a+", b=" +b);
    }
}
```

运行程序，观察 a 和 b 的值。改为 b=a++，测试结果变化。

（2）求余运算。

【参考程序】

```
public class test3_ 2 {
    public static void main (String args [ ] ) {
        int a=20;
        int b=3;
        System. out. println (" a%b=" +a%b);
    }
```

```
}
```

①调试运行程序，观察输出结果。

②更改其中一个数据的符号，例如：

double b=-3

调试运行程序，观察输出结果的变化。依次修改 a 或者 b 的符号，一共有 4 种情况，依次观察输出结果的变化，总结%运算的运算结果的符号规则。

③将其中一个数据改为实数，例如：

double b=3.2

调试运行程序，观察输出结果的变化。总结“%”运算符的运算规律。

（3）“/”运算。

【参考程序】

```
public class test3_ 3 {
    public static void main (String args [ ] ) {
        int a=20;
        int b=3;
        System. out. println (" a/b=" +a/b);
    }
}
```

①调试运行程序，观察输出结果。

②将其中一个数据改为实数，例如：

double b=3.0

调试运行程序，观察输出结果的变化。总结“/”运算符的运算规律。

③修改输出语句格式，接精确到小数点后两位的形式输出结果。

（4）短路逻辑运算。

```
public class test3_ 4 {
    public static void main (String [ ] args) {
        int x = 1, z = 2;
        System. out. println (" 第 1 段测试代码输出" );
        if (false&& (x == (z = 1) ) )
            System. out. println (" x=" +x);
        else
            System. out. println (" z=" +z);
```

```
        z = 2; x =1;
        System. out. println (" 第 2 段测试代码输出" );
        if (true&& (x == (z = 1) ) &&false)
            System. out. println (" x=" +x);
        else
            System. out. println (" z=" +z);
        x=0; z = 2;
        System. out. println (" 第 3 段测试代码输出" );
        if (true|| (x == (z = 1) ) )
            System. out. println (" z=" +z);
        x=0; z = 2;
        System. out. println (" 第 4 段测试代码输出" );
        if (false|| (x == (z =1) ) || true)
            System. out. println (" z=" +z);
    }
}
```

调试运行程序，观察输出结果，请分析并回答以下问题：

(1) 第 1 段代码的输出结果是什么，为何？

输出结果 z=2

因为（false&& (x == (z = 1)) ）中，遇到 false 就退出来，z=1 不会执行，所以 z=2不变。

(2) 第 2 段代码的输出结果是什么，为何？

输出结果 z=1

因为 if (true&& (x == (z = 1)) &&false) 中，遇到 false 退出来，但之前 z=1 已经执行，所以 z=1。

(3) 第 3 段代码的输出结果是什么，为何？

输出结果 z=2

因为 if (true|| (x == (z = 1)))) 中，遇到 true 退出来，z=1 不会执行，所以 z=2 不变。

(4) 第 4 段代码的输出结果是什么，为何？

输出结果 z=1

因为 f (false|| (x == (z =1)) || true) 中，遇到 true 退出来，但之前 z=1 已

经执行，所以 z=1。

【实训 2-4】基本数据类型与转换

【实训目的】

（1）熟练运用基本数据类型。

（2）掌握数据类型的转换。

【实训内容】

编写以下程序，分析代码的输出结果，并回答问题。

```
public class test4_ 1 {
public static void main (String [ ] args) {
        System. out. println (" 第 1 段测试代码输出" );
        System. out. println ( (byte) 255);
        System. out. println ( (short) 65535);
        System. out. println ( (byte) -129);
        System. out. println ( (byte) 129);
        System. out. println ( (byte) 128);
        System. out. println (" 第 2 段测试代码输出" );
        int i = 123456789;
        float f = i;
        System. out. println (f);
        long j = 123456789123456789L;
        double d = j;
        System. out. println (d);
        System. out. println (" 第 3 段测试代码输出" );
        System. out. println (077);
        System. out. println (0x77);
        System. out. println (77);
    }
}
```

【思考】请分析并回答以下问题：

（1）分析第 1 段代码，说明在什么情况下，int 类型的数字转换为 byte 或者 short 类型，会出现符号变化，即正数变负数，负数变正数？为何输出会不同？

答：当 int 类型的数字二进制中第 8 位，第 16 位为 1 时，转换成 byte 和 short 类型，就会出现符号变化。他们的占有的字节数不一样，当往更小的类型转换时，就会出现数据截断和符号丢失。

（2）分析第 2 段代码，说明整数类型向浮点型转型是否可能出现精度损失，是否需要强制转换。

答：整数类型向浮点型转型可能出现精度损失。因为浮点型的级别比整型的级别高，所以当整型向浮点型转换时，是自动转换，不需强制转换，但还是有可能出现精度损失，这需要编程员自己注意。

（3）分析第 3 段代码，说明整数的八进制、十六机制、十进制的书写格式（即字面值格式）都是什么？

答：八进制：以 0 开头，后接数字（0~7）；如：077；

十进制：由数字（0~9）组成，前不能加 0；如：77；

十六进制：以 0x 开头，后接由数字（0~9）和字母（a~f）或（A~F）组成；如：0x77。

【实训 2-5】 顺序程序设计

【实训目的】

（1）熟悉运算符的使用。

（2）熟悉顺序程序的一般过程。

（3）了解 Swing 的输入对话框和消息显示对话框的使用。

【实训内容】

输入一个梯形的上底、下底、高，并求其面积。

【参考程序】

```
import javax. swing. * ;
public class Area {
    public static void main (String a [ ] ) {
  String str=JOptionPane. showInputDialog (" 请输入梯形的上底:" );
  double x=Double. parseDouble (str);    //上底
  str=JOptionPane. showInputDialog (" 请输入梯形的下底:" );
  double x=Double. parseDouble (str);    //下底
  str=JOptionPane. showInputDialog (" 请输入梯形的高:" );
  double z= Double. parseDouble (str); //高
```

```
    double s= (x+y) * z/2;                    //计算梯形面积
    JOptionPane. showMessageDialog (null," 面积=" +s);
  }
}
```

【说明】利用 javax. swingJOptionPane 类的 showInputDialo 方法获取用户输入，利用 Double 类的 parseDouble 方法将含数值数据的字符串转换为实数。

拓展实训

(1) 测试典型运算符的使用，分析程序的输出结果。

```
public class exercise1 {
    public static void main (String args [ ] ) {
        int m = 0;
        System. out. println (" m++=" + (m++) );
        System. out. println (" ++m=" + (++m) );
        int n=10;
        System. out. println (" m--=" + (m--) );
        System. out. println (" --m=" + (--m) );
        boolean x;
        x= (5>3) && (4==6);
        System. out. println (" x=" +x);
        m=m%2;
        System. out. println (" result=" +m+1);
        int y=m * m+2 * m-1;
        System. out. println (" m=" +m+", y=" +y);
    }
}
```

【输出结果】

```
m++=0
++m=2
m--=2
--m=0
x=false
```

result=01

m=0，y=-1

（2）将以下程序补充完整，并进行调试。

```
public class exercise2 {
    public static void main (String args [ ] ) {
        char______ a='h';
        byte       b=6;
        int        i=200;
        long______ n=567L;
        float_____ f=98.99f;
        double  d=4.7788;
        int        aa=a+i;
        long       nn=n-aa;
        float      ff= (float______ ) (b * d);
        double  dd=ff/aa+d;
        System.out.println (" aa=" +aa);
        System.out.println (" nn=" +nn);
        System.out.println (" ff=" +ff);
        System.out.println (" dd=" +dd);
    }
}
```

（3）请问下面程序有何错误？如何改正？

```
public class exercise3 {
    public static void main (String [ ] args) {
        short a = 10;
        a = (a + 2;
        byte b = 1;
        b = b + 1;
        short a = 10;
        byte b = 5;
```

```
            a = a + b;
            char c = 'a';
            c = c+1;
        }
}
```

答：

错误：

a 是 short 类型，int 转换成 short 类型时要强制转换。

b 是 byte 类型，int 转换成 byte 类型时要强制转换。

c 是 char 类型，int 转换成 char 类型时要强制转换。

a 和 b 出现重复定义。

改正：

```
short a = 10;
a = (short) (a + 2);
byte b = 1;
b = (byte) (b + 1);
a =10;
b = 5;
a = (short) (a + b) ;
char c='a';
c = (char) (c+ 1);
```

(4) 从键盘输入一个实数，获取该实数的整数部分，并求出实数与整数部分的差，将结果分别用两种形式输出：一种是直接输出；另一种是用精确到小数点后 4 位的浮点格式输出。

```
import javax.swing.*;
public class exercise2_5 {
    public static void main (String [ ] args) {
    String str=JOptionPane.showInputDialog (" 请输入一个实数:" );
        double num=Double.parseDouble (str);    //
        int i= (int) num;
        System.out.println (num-i);
```

```
            System. out. println (" 浮点数格式为:%. 4f" +num-i);
    }
}
```

(5) 输入一个圆柱体的高和半径，求其体积。

```
import javax. swing. * ;
public class exercise2_ 3 {
    public static void main (String [ ] args) {
        final double PI=3. 14;        //定义常量圆周率
        String str=JOptionPane. showInputDialog (" 圆柱体的高:" );
        double h=Double. parseDouble (str);     //高
        str=JOptionPane. showInputDialog (" 圆柱体的半径:" );
        double r=Double. parseDouble (str);     //半径
        double v=PI * r * r * h;                        //计算圆柱体体积
        JOptionPane. showMessageDialog (null," 体积=" +v);
    }
}
```

(6) 从键盘输入摄氏温度 C，计算华氏温度 F 的值并输出。其转换公式如下：

$$F= (9/5) * C+32$$

```
import javax. swing. * ;
public class exercise2_ 4 {
    public static void main (String [ ] args) {
        String str=JOptionPane. showInputDialog (" 请输入摄氏温度 C:" );
        double c=Double. parseDouble (str);     //
        double f= (9. 0/5. 0) * c+32
        System. out. println (" 摄氏温度" +c+" 的华氏温度为:" +f);
    }
}
```

课后习题

1. 填空题

（1）Java 中程序代码都必须在一个类中定义，类使用________关键字来定义。

（2）布尔常量即布尔类型的两个值，分别是________和________。

（3）Java 中的注释可分为三种类型，分别是________、________、________。

（4）Java 中的变量可分为两种数据类型，分别是________和________。

（5）在 Java 中，byte 类型数据占________个字节，short 类型数据占________个字节，int 类型数据占________个字节，long 类型数据占________个字节。

（6）在逻辑运算符中，运算符________和________用于表示逻辑与，________和________表示逻辑或。

（7）若 x = 2，则表达式（x + +）/3 的值是________。

（8）若 int a =2；a+=3；执行后，变量 a 的值为________。

（9）若 int［］ a= {12，45，34，46，23}；，则 a［2］ = ________。

（10）若 int a［3］［2］ = { {123，345}，{34，56}，{34，56} }，则 a［2］［1］ = ________。

2. 选择题

（1）以下选项中，属于合法的标识符的是（　　）。（多选）

A. Hello_ World　　B. class

C. 123username　　D. username123

（2）关于方法重载的描述，以下选项中正确的是（　　）。（多选）

A. 方法名必须一致　　B. 返回值类型必须不同

C. 参数个数必须一致　　D. 参数的个数或类型不一致

（3）以下关于变量的说法错误的是（　　）。

A. 变量名必须是一个有效的标识符

B. 变量在定义时可以没有初始值

C. 变量一旦被定义，在程序中的任何位置都可以被访问

D. 在程序中，可以将一个 byte 类型的值赋给一个 int 类型的变量，不需要特殊声明

（4）switch 语句判断条件可以接收的数据类型有（　　）。（多选）

A. int　　B. byte　　C. char　　D. short

（5）下面的运算符中，用于执行除法运算的是（　　）。

A. /　　B. \　　C. %　　D. *

第3章　流程控制语句

知识必备

为了解决现实中的问题，程序的执行流程也是多种多样的，程序可以按照顺序自上而下地运行；也可以在遇到某些条件时进行跳转；还可以对一些操作进行重复的执行。流程控制语句就是为了控制程序的执行流程。流程结构有三种：顺序结构、选择结构和循环结构。

1. 顺序结构

顺序结构是程序中最常见的流程结构，语句可以按照出现的顺序来执行，其中没有跳转或者判断，执行到程序结束。

2. 选择结构

选择结构也是分支结构，其中包括条件判断语句。可以根据一个判断表达式的结果来选择不同的分支执行语句，可以根据不同的条件来执行不同的动作。条件判断语句包括 if 语句和 switch 语句。

（1）单分支 if 语句的基本语法格式：

```
if（布尔表达式）{
    处理语句
}
```

①if 是关键字，表示此语句是 if 条件语句。其中有一个返回值为布尔类型的表达式，要根据该表达式的结果来判断选择分支。如果表达式的结果返回为 true，则执行处理语句。

②如果在 if 条件语句中只有一条执行结果，可以省略掉“{　}”。

（2）双分支语句。if 条件的双分支形式是 if…else，这种形式多出了 else 的部分，else 部分是在 if 语句的布尔表达式的值为 false 时执行的。其格式为：

```
if（布尔表达式）{
处理语句 1
```

```
} else {
  处理语句 2
      }
```

在该条件语句中会首先判断布尔表达式的值，如果布乐表达式的值是 true，则执行处理语句 1，如果布尔表达式的值是 false，则执行处理语句 2。

（3）if 语句的第三种形式是 if…else…if，是 if 语句中最为复杂的一种，可以看作多个 if…else 进行拼接，其格式为：

```
if（布尔表达式 1）{
  处理语句 1；
} else if（布尔表达式 2）{
处理语句 2；
} else if（布尔表达式 3）{
处理语句 3；
}
```

①这种表达式形式是当“布尔表达式 1”的值为 true 时，执行处理语句 1，若为 false 则去判断“布尔表达式 2”。

②若“布尔表达式 2”的值为 true 时，执行处理语句 2，否则去判断“布尔表达式 3”。

③若布尔表达式 3 的值为 true，则执行处理语句 3。

（4）switch 语句。switch 语句属于多分支结构，也可以代替复杂的 if…else…if 形式的语句。switch 语句可以根据表达式的值来选择一个分支执行。并且表达式的结果类型必须是 byte、short、int、char 类型。

switch 语句的基本格式如下：

```
switch（表达式）{
case value1：
        处理语句 1；
        break；
case value2：
        处理语句 2；
        break；
case value3：
        处理语句 3；
```

```
        break;
    ……
    }
```

在 switch 语句中首先会去执行表达式，然后用表达式的值和 value 进行对比，语句中使用了 break，则在执行完对应语句后立即中断，break 字段表示程序执行到此就会中断，不再继续执行。

3. 循环语句

（1）for 循环。循环语句可以使计算机重复地执行某一段代码，同时也可以通过指定的终止条件来控制程序的无限循环。for 循环是最常用的一个循环语句，其语法如下：

```
for（表达式 1；可返回布尔值的表达式 2；表达式 3）{
    相关语句;
}
```

①for 循环可以根据可返回布尔值的表达式来决定是否执行相关语句。当返回值为 true 时，for 语句就执行相关语句并且会再次执行可返回布尔值的表达式，如果该表达式的值仍然是 true，则再次执行相关语句，直到返回值为 false 为止。

②在 for 循环中，使用的变量是定义在 for 循环内部的，其作用域只在本循环内部，也就是只能在所定义的循环内使用，在 for 循环之外就不可使用。

（2）while 循环。while 循环的功能和 for 循环的功能相同，可以将 while 循环看作 for 循环的简化版本，它也是一个循环语句。

while 循环的基本格式如下：

```
while（可返回布尔类型表达式）{
    相关执行语句;
}
```

如果可返回布尔类型表达式的值是 true，则会执行相关的执行语句，并且会重新来判断该表达式的值。如果值仍为 true，则重新执行相关的语句。一直执行到表达式的值为 false 为止。

（3）while 循环中还有另一种表现形式——do…while，其基本格式如下：

```
do {
执行语句;
} while（返回布尔类型的表达式）;
```

①在该循环中首先会执行语句，然后判断表达式的值。

②do…while 和 while 循环的区别是，前者无论表达式的值为何值，都会执行一遍语

句，而后者如果表达式的值为 false，则不会执行语句。

4. 中断控制

中断控制语句包括 continue 和 break，在 continue 语句和 break 语句之后的代码将无法被执行。

（1）continue 语句在循环中可以中断当前的循环，进入下一次的循环中。

（2）break 语句在前面的 switch 循环中已经接触过，在 switch 语句中，break 用于结束 switch 语句的执行。在循环语句中则用于强制终止循环。

（3）return 语句用于结束当前的方法，并且返回调用该方法的位置，如果需要有返回值，return 就需要提供一个相应的返回值。

引导实训

【实训 3-1】 if 单分支程序设计

【实训目的】

（1）掌握单分支 if 语句的使用。

（2）掌握条件的表达技巧。

【实训内容】

从键盘上输入一个整数，如果是偶数则输出。

【参考程序】

```
public class test1 {
    public static void main (String [ ] args) {
        System. out. println (" 请输入一个自然数:");
        Scanner scan=new Scanner (System. in);
        int num=scan. nextInt ();
        if (num%2==0)
            System. out. println (num+" 是偶数");
    }
}
```

调试程序，理解 if 单分支结构程序设计。

【思考】如何判断数的奇偶性?

【实训 3-2】 if 双分支程序设计

【实训目的】

（1）掌握双分支 if 语句的使用。

（2）掌握条件的表达技巧。

【实训内容】

从键盘上输入一个整数，判断奇偶性。

【参考程序】

```
public class test1 {
    public static void main (String [] args) {
        System.out.println (" 请输入一个整数:" );
        Scanner scan=new Scanner (System.in);
        int num=scan.nextInt ();
        if (num%2==0)
            System.out.println (num+" 是偶数" );
        else
            System.out.println (num+" 是奇数" );
    }
}
```

调试程序，观察程序的输出。

【实训 3-3】多分支程序设计

【实训目的】

（1）掌握多分支 if 语句的使用。

（2）掌握 if 语句的条件表达技巧。

（3）掌握 if 的嵌套与非嵌套的执行差别。

【实训内容】

从键盘输入 x，根据以下情形求 y 的值。

$y=0$；当 $x\leqslant 0$ 时

$y=2x+1$；当 $0<x<5$ 时

$y=-1$；当 $x\geqslant 5$

【参考程序】

```
import javax.swing.*;
public class test3 {
    public static void main (String a [] ) {
```

```
        double x=0, y;
    BufferedReader br;
br=new BufferedReader (new InputStreamReader (System.in));
            System.out.println (" 请输入 x 的值:");
            try {
                String s=br.readLine ();
                x=Double.parseDouble (s);
            } catch (IOException e) {
            }
            if (x<=0)
                y=0;
            else if (x<5)
                y=2 * x+1;
            else
                y=x * x-1;
            System.out.println (" x=" +x+", y=" +y);
    }
}
```

【说明】程序中使用了嵌套 if 语句，在最外层 if 语句已判 $x<0$，则其 else 分支就隐含$x>0$。

以下代码和上述程序的条件处理部分等价，但它的 3 个 if 语句各自独立，针对 x 值的各种情况分别用 if 进行判断，这样，无论 x 是什么情形，均要执行所有的 if 语句，因此程序执行效率差。

```
if (x<=0)
    y=0;
if (x>0 && x<5)
    y=2 * x+1;
if (x>=5)
    y=x * x-1;
```

【实训 3-4】 switch…case 分支程序设计

【实训目的】

（1）掌握 switch 语句语句的基本使用。

（2）理解 switch 语句的 break 语句的作用。

【实训内容】

输入一个成绩，将该成绩转换为 A、B、C、D 和 E：成绩在 90 分以上，结果为 A；成绩在 80~90 之间，结果为 B；成绩在 70~80 之间，结果为 C；成绩在 60~70 之间，结果为 D；成绩在 60 分以下，结果为 E。

例如：输入一个成绩：85 等级：B

【参考程序】

```
import javax. swing. * ;
public class test4 {
    public static void main (String a [ ] ) {
        Scanner input = new Scanner (System. in);
            System. out. print (" 请输入一个百分制成绩:" );
            int score = input. nextInt ( );
            char m; //定义一个字符记录成绩
            if (score <= 100 && score >0) //判断成绩的有效性。
            {
                switch ( score/10 )
                {
case 10:
case 9: m = 'A' ; break; //将成绩转换成字符，记录输入的成绩。
case 8: m = 'B' ; break;
case 7: m = 'C' ; break;
case 6: m = 'D' ; break;
default : m = 'E' ; break; //默认情况下为 E。
                }
                System. out. println (" 等级:" +m);        //打印结果。
        }
        else
                System. out. println (" 输入成绩错误!" );
        }
    }
}
```

【说明】程序中使用了 score/10 减少 case 列举的可能取值。

【实训 3-5】循环程序设计

【实训目的】

（1）初步掌握循环结构程序的设计方法。

（2）掌握 while、for、do…while 的使用。

【实训内容】

输出所有的水仙花数。所谓水仙花数是指一个三位整数，其各位数字的立方和等于其自身。例如：$153=1^3+5^3+3^3$。

【参考程序】

方法 1：

```
public class test5 {
    public static void main (String a [ ] ) {
        for (int i=100; i<=999; i++) {
            int x=i/100;
            int y=i%100/10;
            int z=i%10;
            if (i==x*x*x+y*y*y+z*z*z) {
                System.out.println (i);
            }
        }
    }
}
```

【思考】将 for 循环结构分别改为 while 结构和 do…while 结构。

方法 2：

```
public class test5 {
    public static void main (String a [ ] ) {
        for (int i=100; i<=999; i++) {
            for (int x=1; x<=9; x++) {
                for (int  y=0; y<=9; y++) {
                    for (int  z=0; z<=9; z++) {
                        int i=x*100+y*10+z;
                        if (i==x*x*x+y*y*y+z*z*z) {
```

```
                        System. out. println (i);
                    }
                }
            }
        }
    }
}
```

【实训 3-6】多重循环程序设计

【实训目的】

(1) 初步掌握多重循环结构程序的设计方法。

(2) 掌握 while、for、do…while 的使用。

【实训内容】

(1) 输出九九乘法表，如图 3-1 所示。

```
                                                                1*1=1
                                                        1*2=2   2*2=4
                                                1*3=3   2*3=6   3*3=9
                                        1*4=4   2*4=8   3*4=12  4*4=16
                                1*5=5   2*5=10  3*5=15  4*5=20  5*5=25
                        1*6=6   2*6=12  3*6=18  4*6=24  5*6=30  6*6=36
                1*7=7   2*7=14  3*7=21  4*7=28  5*7=35  6*7=42  7*7=49
        1*8=8   2*8=16  3*8=24  4*8=32  5*8=40  6*8=48  7*8=56  8*8=64
1*9=9   2*9=18  3*9=27  4*9=36  5*9=45  6*9=54  7*9=63  8*9=72  9*9=81
```

图 3-1

【参考程序】

```
public class test6_ 1 {
    public static void main (String [ ] args) {
        int i, j, m;
        for (i=1; i<=9; i++) {
            for (m=1; m<=9-i; m++)
                System. out. print (" \ t" );
            for (j=1; j<=i; j++)
                System. out. print (" \ t" +j+" * " +i+" =" +j * i);
```

```
            System. out. println ( );
        }
    }
}
```

（2）计算 $1+2^1+2^2+2^3+\cdots+2^n$ 的值（*n* 由键盘输入）。

【参考程序】

```
public class test6_ 2 {
    public static void main (String [ ] args) {
        int i, j, m;
        for (i=1; i<=9; i++) {
            for (m=1; m<=9-i; m++)
                System. out. print ("  \ t" );
            for (j=1; j<=i; j++)
                System. out. print ("  \ t" +j+"  * " +i+"  =" +j * i);
            System. out. println ( );
        }
    }
}
```

【说明】用循环实现累加，在循环外给累加变量赋初值，在循环内将累加项加到累加变量上。用 Math 类的 pow 方法求 2 的 *k* 次方，由于该方法返回为一个实数，所以要强制转换为 long 型才能累加到 sum 上。

利用 Math. pow（2，*k*）求每个累加项花费的时间较多，对程序的改进可通过分析累加项的变化规律入手，引入一个变量 x 记录累加项，注意到前后累加项的关系，可将程序修改如下：

```
long  sum=1;        //保存累加和
long x=1;           //被加项
for (int k=1; k<=n; k++)
    x=x * 2;           //求下一个被加项时，只要在前一项上乘 2 即可
    sum += x;
}
```

这样求累加项就变成乘法运算，甚至可将 x=x＊2 写成 x = x + x 形式的加法运算。

【实训 3-7】 break 与 continue 比较

【实训目的】

初步掌握 break 与 continue 的使用。

【实训内容】

（1）输入以下程序。

```
public class test7 {
    public static void main (String [ ] args) {
        for (int i = 0; i < 10; i++) {
            if (i == 5) {
                break;
            }
            System.out.println (i+" " );
        }
    }
}
```

【思考】分析程序的输出，总结 break 的用法。

（2）将上面程序的 break 改为 continue。

```
public class test7 {
    public static void main (String [ ] args) {
        for (int i = 0; i < 10; i++) {
            if (i == 5) {
                continue;
            }
            System.out.println (i+" " );
        }
    }
}
```

【思考】

（1）分析程序的输出，总结 continue 的用法。

（2）比较 break 与 continue 的区别。

【实训3-8】综合示例

【实训目的】

(1) 了解循环和分支控制结构的嵌套处理。

(2) 掌握计数问题的处理方法。

【实训内容】

(1) 输入一批学生成绩，以-1作为结束标记。

①统计这批学生中不及格、及格、中等、良好、优秀的人数。

②求这批学生的平均分。

【分析】这是一个计数和累加问题。学生数量不确定，但有一个结束标记（-1），该问题的总体结构是一个循环处理问题，可采用while循环，当输入数据为 -1 时结束循环。为了统计各种情况的人数，需要设立相应的计数变量，并给其赋初值0，另外为了求平均分，必须计算总分，也就是计算出所有学生成绩的累加和，然后除以总人数即可得到平均分。

【参考程序】

```
import java. io. * ;
public class test8 {
    public static void main (String [ ] args) throws IOException {
        int s=0, b=0, c=0, d=0, e=0, f=0;            //变量赋初值
        BufferedReader br;
    br=new BufferedReader (new InputStreamReader (System. in) );
        int a= Integer. parseInt (br. readLine ( ) ); //读取一个整数
        while (a ! =-1 ) {
            switch (a/10) {
                case 0: case 1: case 2: case 3: case 4:
                case 5: b++; break;             //不及格人数计数增1
                case 6: c++; break;
                case 7: d++; break;
                case 8: e++; break;
                case 9:
                case 10: f++; break;
            }
            s+=a;             //累加求总成绩
```

```
            a= Integer. parseInt (br. readLine () );
        }
        System. out. println (" 优秀人数:" +f);
        System. out. println (" 良好人数:" +e);
        System. out. println (" 中等人数: " +d);
        System. out. println (" 及格人数:" +c);
        System. out. println (" 不及格人数:" +b);
        int average = s/ (b+c+d+e+f);        //求平均成绩
        System. out. println (" 平均分=" +average);
    }
}
```

【说明】程序总体结构上是一个循环问题，在循环内部要分情况统计各分数段人数，包含一个 switch 语句。在输入数据时未处理异常，所以在 main 方法的头部增加 throws IOException 声明该方法会抛出 IO 异常。

（2）找 10~100 之间能被 3 或 5 整除的数，每行输出 5 个数。

【目标】如何控制每行输出数据项的数量。

【分析】本程序是在一定范围内（10~100）查找满足条件的数，程序中有两个关键：一是如何表达一个数被 3 或 5 整除，需要用到求余运算符和逻辑或；二是为了控制每行输出 5 个数，必须对输出数的个数进行统计。因此，本程序也要用到计数。

【参考程序】

```
public class test8_ 2 {
    public static void main (String [ ] args) {
        int k=10;     //循环控制变量初值 10
        int m=0;       //用于统计输出数的个数
        while (k<=100) {      //循环的终止值为 100
            if (k%3==0 | | k%5==0) {  //被 3 或 5 整除
                m++;
                System. out. println (k+" \ t" );
                if (m%5==0) //控制每输出 5 个数行换一行
                    System. out. println ();
```

```
            }
        }
    }
}
```

拓展实训

（1）补充程序。

①以下程序用于输出星号构成的直角三角形图案，将程序补充完整。

```
*
* *
* * *
* * * *
* * * * *
```

```
public class exercise3_ 1 {
public static void main (String [ ] args) {
    String output = " ";
    for (int row=1; row<=5; row++) {
        output+=" \n";
        for (int column=1; column<=10;【代码 1】) {
            if (column > row)
                【代码 2】
            output +=" * ";
        }
    }
    System.out.println (output);
}
}
```

答案：

【代码 1】　column++

【代码 2】　continue;

②输出希腊字母表：编写一个 Java 应用程序，该程序在命令窗口输出希腊字母表。程序运行效果如图 3-2 所示。

```
希腊字母'α'在unicode 表中的顺序位置:945
希腊字母表:
 α β γ δ ε ζ η θ ι κ λ μ ν ξ ο π ρ ? σ τ υ φ χ ψ ω
```

图 3-2

【提示】为了输出希腊字母表，首先应该获取希腊字母表中的第一个字母和最后一个字母在 unicode 表中的位置，然后使用循环输出其余的希腊字母。

【程序】

```
public class GreekAlphabet {
    public static void main (String [ ] args) {
        int startPosition=0, endPosition=0;
        char cStart='α', cEnd='ω';
        【代码 1】// cStart 做 int 型转换据运算，并将结果赋值给 startPosition。
        【代码 2】// cEnd 做 int 型转换运算，并将结果赋值给 endPosition。
        System. out. println (" 希腊字母 \ 'α \ '在 unicode 表中的顺序位置:" +
(int) cStart);
        System. out. println (" 希腊字母表:" );
        for (int i=startPosition; i<=endPosition; i++) {
            char c=' \ 0';
        【代码 3】// i 做 int 型转换运算，并将结果赋值给 c。
            System. out. print (" " +c);
        }
    }
}
```

答案:

代码 1: startPosition = cStart;

代码 2: endPosition = cEnd;

代码 3: c= (char) i;

③回文数：编写一个 Java 应用程序。用户从键盘输入一个 1~99 999 之间的数，程序将判断这个数是几位数，并判断这个数是否是回文数。回文数是指将该数字逆序排列后得

到的数和原数相同，例如 12 121、3223 都是回文数。

【程序】

```
import javax. swing. *;
public class Number {
    public static void main (String [ ] args) {
        int number=0, d5, d4, d3, d2, d1;
        String str=JOptionPane. showInputDialog (" 输入一个 1~99999 之间的数" );
        number=Integer. parseInt (str);
        if (【代码 1】) { //判断 number 在 1~99999 之间的条件。
         【代码 2】// 计算 number 的最高位（万位）d5。
         【代码 3】// 计算 number 的千位 d4。
        d3=number%1000/100; //【代码 4】// 计算 number 的百位 d3。
        d2=number%100/10;
        d1=number%10;
        if (【代码 5】) { // 判断 number 是 5 位数的条件。
            System. out. println (number+" 是 5 位数" );
            if (【代码 6】) { // 判断 number 是回文数的条件。
                System. out. println (number+" 是回文数" );
            }
            else {
                System. out. println (number+" 不是回文数" );
            }
        }
        else if (【代码 7】) { // 判断 number 是 4 位数的条件。
            System. out. println (number+" 是 4 位数" );
            if (【代码 8】) { // 判断 number 是回文数的条件码。
                System. out. println (number+" 是回文数" );
            }
            else {
                System. out. println (number+" 不是回文数" );
            }
        }
```

```
        else if (【代码 9】) { // 判断 number 是 3 位数的条件。
            System. out. println (number+" 是 3 位数");
            if (【代码 10】) { // 判断 number 是回文数的条件。
                System. out. println (number+" 是回文数");
            }
            else {
                System. out. println (number+" 不是回文数");
            }
        }
        else if (d2! =0) {
            System. out. println (number+" 是 2 位数");
            if (d1==d2) {
                System. out. println (number+" 是回文数");
            }
            else {
                System. out. println (number+" 不是回文数");
            }
        }
        else if (d1! =0) {
            System. out. println (number+" 是 1 位数");
            System. out. println (number+" 是回文数");
        }
    }
    else {
    System. out. println (number +" 不在 1~99999 之间");
    }
  }
}
```

答案:

【代码 1】number >=1 && number <=99999

【代码 2】d5=number/10000;

【代码 3】d4=number%10000/1000;

【代码4】d3=number%1000/100;

【代码5】d5! =0

【代码6】d5==d1 && d4==d2

【代码7】d4! =0

【代码8】d4==d1 && d3==d2

【代码9】d3! =0

【代码10】d3==d1

④猜数字游戏：编写一个 Java 应用程序，实现下列功能：

◇程序随机分配给客户一个1~100之间的整数；

◇用户从输入对话框输入自己的猜测；

◇程序返回提示信息，提示信息分别是“猜大了”“猜小了”和“猜对了”；

◇用户可根据提示信息再次输入猜测，直到提示信息是“猜对了”。

【程序】

```
import javax. swing. JOptionPane;
public class GuessNumber {
    public static void main (String [ ] args) {
        System. out. println (" 给你一个 1~100 之间的"
                        +" 整数，请猜测这个数" );
        int realNumber= (int) (Math. random ( ) *100) +1;
        int yourGuess=0;
        String str=JOptionPane. showInputDialog (
                " 输入您的猜测:" );
        yourGuess=Integer. parseInt (str);
        while ( 【代码1】 ) { // 循环条件。
            if ( 【代码2】 ) { // 条件代码。
                str=JOptionPane. showInputDialog (
                    " 猜大了，再输入你的猜测:" );
                yourGuess=Integer. parseInt (str);
            }
            else if ( 【代码3】 ) { // 条件代码。
                str=JOptionPane. showInputDialog (
                    " 猜小了，再输入你的猜测:" );
```

```
                yourGuess=Integer. parseInt (str);
            }
        }
        System. out. println (" 猜对了!" );
    }
}
```

答案:

【代码 1】yourGuess! =realNumber

【代码 2】yourGuess>realNumber

【代码 3】yourGuess<realNumber

(2) 输出所有的四叶玫瑰数。所谓四叶玫瑰数是指四位数各位上的数字的四次方之和等于本身的数。例如:$1634=1^4+6^4+3^4+4^4$。

```
public class exercise3_ 2 {
public static void main (String [ ] args) {
    // TODO Auto-generated method stub
    for (int number = 1000; number < 10000; ++number) {
        int thousands = number / 1000;
        int hundreds = number / 100 - thousands * 10;
        int tens = number / 10 - hundreds * 10 - thousands * 100;
        int ones = number % 10;
         if ( Math. pow (thousands, 4) + Math. pow (hundreds, 4) + Math. pow
(tens, 4) + Math. pow (ones, 4) = = number) {
            System. out. println (number);
        }
    }
  }
}
```

(3) 编写程序:利用数列 $\pi=4\left(1-\frac{1}{3}+\frac{1}{5}-\frac{1}{7}+\frac{1}{9}-\frac{1}{11}+\cdots\right)$ 来取得 π 的近似值,直到最后一项的值小于 10^{-6}为止。

```
public class exercise3_ 3 {
```

```
public static void main (String [ ] args) {
    double i = 3;
    double pai=1;
    int flag=-1;
    while (i<1000000) {
        pai+=1/ (flag * i);
        flag=-flag;
        i+=2;
    }
    System. out. println (4 * pai);
}
}
```

(4) 完全数是指其所有因子（包括 1 但不包括该数自身）的和等于该数，例如 28=1+2+4+7+14，28 就是一个完全数。编写一个程序输出 2~10 000 之间的所有完全数。

```
public class exercise3_ 4 {
public static void main (String [ ] args) {
    for (int i=2; i<=10000; i++) {
        int sum=1;
        for (int j=2; j<i; j++) {
            if (i%j==0)
                sum+=j;
        }
            if (sum==i) {
                System. out. println (i);        }
        }
    }
}
```

(5) 已知 Fibonacci 数列如下：1 1 2 3 5 8 13 …

编写程序，输出数列前 30 项。

```
public class exercise3_ 5 {
```

```
        public static void main (String [ ] args) {
            int f1=1;
            int f2=1;
            int fibonacci = 0;
            System.out.print (1+" " +1+" " );
            for (int i=3; i<=30; i++) {
                fibonacci=f1+f2;
                f1=f2;
                f2=fibonacci;
                System.out.print (fibonacci+" " );
            }
        }
    }
}
```

课后习题

1. 填空题

（1）以下程序段的输出结果是________。

```
int x = 5, y = 6, z = 4;
if (x + y > z && x + z > y && z + y > x)
System.out.println (" 三角形" );
else
System.out.println (" 不是三角形" );
```

（2）下面程序段的执行结果是________。

```
int a [] = { 2, 3, 4, 5, 6 };
for (int i = a.length - 1; i >= 0; i--)
System.out.print (a [i] + " " );
```

（3）请先阅读下面的代码。

```
int x = 1;
int y = 2;
if (x % 2 == 0) {
```

```
    y++;
} else {
    y--;
}
System. out. println (" y=" + y);
```

上面一段程序运行结束时，变量 y 的值为________。

2. 选择题

(1) 下列语句序列执行后，b 的值为（　　）。

```
int  a=2, b=4;
if ( a < - - b )    a * =a;
```

A. 5　　B. 3　　C. 15　　D. 10

(2) 下列语句序列执行后，m 的值为（　　）。

```
int  i=9, j=8, m=10, n=9;
if ( i<j | | m - -<n )    i++;    else   j--;
```

A. 6　　B. 7　　C. 8　　D. 9

(3) 下列语句序列执行后，x 的值为（　　）。

```
int  a=3, b=4, x=5;
if ( ++a<b ) x=x+1;
```

A. 5　　B. 3　　C. 4　　D. 6

(4) 下列语句序列执行后，ch1 的值为（　　）。

```
char  ch1='A', ch2='W';
if (ch1 + 2 < ch2 )    ++ch1;
```

A. 'A'　　B. 'B'　　C. 'C'　　D. B

(5) 若 a 和 b 均是整型变量并已正确赋值，正确的 switch 语句为（　　）。

A. switch (a+b);　 { …… }　　B. switch (a+b * 3. 0)　 {……}

C. switch a　 {……}　　D. switch (a%b)　 {……}

(6) 下列语句序列执行后，k 的值为（　　）。

```
int  x=6, y=10, k=5;
switch ( x%y )
{
case 0:    k=x * y;
case 6:    k=x/y;
```

case 12： k=x-y；

default： k=x * y-x；

}

A. 60　　B. 5　　C. 0　　D. 54

（7）以下 for 循环的执行次数为（　　）。

for（int x=0；（x==0）&（x>4）；x++）；

A. 无限次　　B. 一次也不执行　　C. 执行 4 次　　D. 执行 3 次

（8）下列语句序列执行后，*j* 的值为（　　）。

int　j=2；

for（ int i=7；i>0；i-=2 ）　j * =2；

A. 15　　B. 1　　C. 60　　D. 32

（9）下列语句序列执行后，*k* 的值为（　　）。

int　m=3，n=6，k=0；

while（（m++）<（ -- n））++k；

A. 0　　B. 1　　C. 2　　D. 3

（10）若有循环：

int x=5，y=20；

do {　y-=x；　x+=2；} while（x<y）；

则循环体将被执行（　　）。

A. 2 次　　B. 1 次　　C. 0 次　　D. 3 次

第4章　数　组

知识必备

在一个数组中，如果用一个下标就能确定一个数组元素在数组中的位置，则该数组就称为一维数组。具有两个或多个下标的数组称为二维数组或多维数组，又称为数组的数组。在java中创建数组包括数组的声明，数组的内存分配和数组的初始化3个步骤。

1. 一维数组

（1）一维数组的声明。

格式Ⅰ：　数据类型　数组名［　］；

格式Ⅱ：　数据类型［　］　数组名称；

①数据类型可以为java中任意的数据类型，包括基本数据类型和对象类型。

②数组名必须是一个合法的标识符。

③［ ］是数组标记，指明该变量是一个数组类型的变量，可以放在数据类型的后面或数组名之后。

④ 一个数组声明语句可同时声明多个数组变量，例如：int a［ ］，b［ ］；

（2）一维数组的内存分配。

①需要注意的是，与C，C++不同，java在声明数组时并不为数组元素分配内存，因此［　］中不用指出数组元素的个数，即数组长度。要创建数组，为其分配内存空间，应使用new运算符。其格式如下：

数组名=new 数据类型［数组长度］；

int a［］；　//声明一个int型数组

a=new int［8］；　//给数组分配8个数据空间

②通常可以将数组的声明和创建合并为一条语句，即在数组声明的同时用new运算符为数组分配内存空间。其格式如下：

数据类型 数组名［］=new 数据类型［数组长度］；

例如：double a［］=new double［8］；

③用 new 运算符为数组分配内存空间是动态的。可根据程序的需要随时用 new 运算符为已分配的数组重新分配空间。需要注意的是：对数组再次动态分配内存空间时，该数组原来的数据将会丢失。

（3）一维数组的初始化。在使用 new 运算符创建数组时，当未指定数组元素的初始值时，系统会给数组的每个元素赋默认的值。对于整型数据，数组元素的默认值为 0；对于浮点型数据，数组元素的默认值为 0.0；对于布尔型数据，数组元素的默认值为 false；对于字符型数据，数组元素的默认值为 \ u0000；而对于所有的对象类型（包括字符串类型）数据，数组元素的默认值为 null。

通常，需要根据实际情况对数组进行初始化。数组的初始化有以下两种：

①在声明数组的同时进行初始化。例如：

```
int a [ ] = {1, 2, 3, 4, 5};
```

这种方式中，可以不使用运算符 new。上述语句声明并创建了数组 a，同时对数组进行初始化。

②在声明并创建数组后，为每个元素分别赋值来对数组进行初始化。例如：

```
int a [ ] =new int [5];
a [0] =1; a [1] =2;
```

（4）一维数组的引用。当定义了一个数组，并为它分配了内存空间后，就可以引用数组中的每一个元素了，数组元素的引用方式如下：

数组名［下标］；

① 数组在 java 语言中是作为一个对象来处理的，故每个数组都有一个 length 属性，其值为数组的长度，可以通过数组名 . length 的形式引用。

②在实际编程中，提倡尽量使用数组的 length 属性值来指明数组的上界元素，这样可以有效地避免数组越界情况的发生。

2. 二维数组

在 java 语言中，二维数组可以看作元素是一维数组的数组，其中一维数组的每一个元素又是一个一维数组。而更高维的数组也可以由此类推。

（1）二维数组的定义方式。

①二维数组的定义与一维数组类似，只是在一维数组的基础上再加上一个［ ］，其定义格式如下：

格式Ⅰ：　数据类型 数组名［ ］［ ］；

格式Ⅱ：　数据类型［ ］［ ］数组名称；

②同一维数组的情况一样，二维数组的声明不分配数组的存储空间，需要使用new运算符为其分配内存空间，然后才可以访问每个数组元素。

（2）二维数组的内存分配和初始化。

使用new运算符为二维数组分配内存空间并初始化时，可指定各维的长度或至少指定第一维的长度。也可以采用直接赋值的方法确定二维数组的长度，此时按照给定的值序依次填满数组每一行中的元素。为二维数组分配内存的语法格式为：

① 关于二维数组的内存分配和初始化。

```
int a1 [] [] =new int [3] [4];
int a2 [] [] =new int [3] [];
int a3 [] [] = { {0, 1, 2}, {3, 4, 5}, {6, 7, 8} };
```

②在java中二维数组有一个好处是第二维的长度可以不相等。创建java二维数组时，至少要为第一维分配空间。

错误的创建方法： int a [] [] =new int [] [];

（3）二维数组的引用。

创建完二维数组后，就可以使用二维数组了，二维数组中的每个元素的引用方式为：数组名称［下标1］［下标2］。

引导实训

【实训4-1】一维数组的定义与使用

【实训目的】

掌握一维数组的定义与赋值访问。

【实训内容】

（1）定义一个含20个元素的整型数组。

```
public class test1 {
    public static void main (String [] args) {
        int x [] =new int [20];
        for (int k=0; i<x. length; k++)
            System. out. println (x [k] +"     " );
    }
}
```

调试程序，观察运行结果，总结数组的初值，思考如何遍历数组。

（2）增加代码，利用随机函数产生3位数给数组赋值，观察运行结果。三位数的产生方法为“100+（int）（Math. random（） ＊900）”。

（3）增加代码。求所有元素的平均值，并输出结果。

【**实训 4-2**】二维数组的定义与使用

【实训目的】

掌握二维数组的定义与赋值访问。

【实训内容】

（1）利用随机函数产生 16 个随机整数，给一个 4×4 的二维数组赋值。

①按行列输出数组。

②求最外一圈元素之和。

③求主对角线中最大元素的值及其位置。

```
public class  test2_ 1 {
    public static void main (String [ ] args) {
        int a [ ] [ ] =new int [4] [4];
        int s=0;   //保存累加和
        /*用随机函数给数组赋值*/
        for (int i=0; i<a. length; i++)
            for (int j=0; j<a [i] . length; j++)
                a [i] [j] = (int) (Math. random ( ) * 10);
            /*按行列输出数组*/
            for (int i=0; i<a. length; i++) {
                for (int j=0; j<a [i] . length; j++)
                    System. out. print (" \t" +a [i] [j] );
                System. out. println ( );
            }
            /*求最外一圈之和*/
            for (int j=0; j<a. length; j++) {
                s+=a [0] [j];                //累加第 1 行元素
                s+=a [a. length-1] [j];      //累加最后 1 行元素
            }
            for (int i=1; i<a. length-1; i++) {
                s+=a [i] [0];                //累加第 1 列除首尾元素
```

```
            s+=a [i] [a.length-1];      //累加最后1列除首尾元素
        }
        System.out.println (" 最外一圈元素之和=" +s);
        /* 主对角线中最大元素的值及其位置 */
        int pos=0;
        for (int k=1; k<a.length; k++) {
            if (a [k] [k] >a [pos] [pos] )
                pos=k;
        }
        System.out.println (" 主对角线中最大元素的值为 a [" +pos+" ] [" +
pos+" ] =" +a [pos] [pos] );
    }
}
```

【注意】

①用二重循环访问二维数组的元素：外循环控制行变化，内循环控制列变化。

②找出最外一圈元素的特征，进而计算所有最外一圈元素之和。

③主对角线上元素的特征是行列值相等，所以可用一重循环遍历元素。

（2）编写程序利用二维数组存储九九乘法表，并输出该乘法表。[注意，空间用多少申请多少，不能申请多余的空间（见图 4-1）]

```
1*1=1
1*2=2   2*2=4
1*3=3   2*3=6   3*3=9
1*4=4   2*4=8   3*4=12  4*4=16
1*5=5   2*5=10  3*5=15  4*5=20  5*5=25
1*6=6   2*6=12  3*6=18  4*6=24  5*6=30  6*6=36
1*7=7   2*7=14  3*7=21  4*7=28  5*7=35  6*7=42  7*7=49
1*8=8   2*8=16  3*8=24  4*8=32  5*8=40  6*8=48  7*8=56  8*8=64
1*9=9   2*9=18  3*9=27  4*9=36  5*9=45  6*9=54  7*9=63  8*9=72  9*9=81
```

图 4-1

【参考程序】

```
public class test2_ 2 {
    public static void main (String [ ] args) {
        String  [ ] [ ] a=new String [9] [ ];
```

```
            for (int i=0; i<a.length; i++) {
                a[i] =new String[i+1];
                for (int j=0; j<a[i].length; j++) {
                    a[i][j] = (j+1) +" * " + (i+1) +" =" + (i+1) * (j+1);
                }
            }
            //遍历输出
            for (String[] x: a) {
                for (String y: x)
                    System.out.print(y+" \t" );
                System.out.println();
            }
        }
    }
```

调试程序，观察运行结果。

【注意】

（1）总结二维数组的动态空间申请方法。

（2）思考如何遍历二维数组。

【实训 4-3】 数组的应用

【实训目的】

了解排序问题的编程实现思想。

【实训内容】

定义一个整型数组，其中包含元素：10，7，9，2，4，5，1，3，6，8，请编写程序对数组进行由小到大的排序（采用冒泡排序），并输出该数组的每个元素。

冒泡排序的思想：每趟从第一个元素开始，两两比较，将大的放到后面。这样一趟下来，最后的元素为最大；下一趟就只要比较到 $n-1$ 即可。比较完 $n-1$ 趟，则排好序。

【参考程序】

```
public class test3 {
    public static void main(String[] args) {
        int[] a= {10, 7, 9, 2, 4, 5, 1, 3, 6, 8};
        /*排序前的数组输出*/
```

```
        System. out. print (" 排序前:" );
        for (int n=0; n<a. length; n++) {
            System. out. print (a [n] +" " );
        /*冒泡排序*/
        for (int i=0; i<a. length-1; i++)
            for (int j=0; j<a. length-i-1; j++)
                if (a [j] >a [j+1] ) {  //相邻的元素比较, 大的往后置
                    /*交换 a [j] 和 a [j+1] */
                    int temp=a [j];
                    a [j] =a [j+1];
                    a [j+1] =temp;
                }
        }
        /*排序后的数组输出*/
        System. out. print (" \n 排序后:" );
        for (int n=0; n<a. length; n++){
            System. out. print (a [n] +" " );
        }
    }
}
```

【注意】

(1) 外循环控制要进行比较的趟数, 内循环控制每趟的比较与交换。

(2) 每趟比较的始点和终点的确定, 尤其是终点的变化规律。

拓展实训

(1) 声明并创建一个数组: src1, 其内容为: 1, 2, 3, 4, 5, 6。请用 Arrays 的 copyOf 方法复制该数组所有内容给另一数组 dest1, 并输出 dest1 数组各元素。

```
import java. util. Arrays;
public class exercise1 {
    public static void main (String [ ] args) {
        int src1 [ ] = {1, 2, 3, 4, 5, 6};
        int dest1 [ ] = Arrays. copyOf (src1, src1. length);
```

```
            for (int j=0; j<dest1.length; j++) {
                System.out.print (dest1 [j] +" " );
            }
            System.out.println ();
        }
    }
```

(2) 利用随机函数产生 36 个 10~30 之间的整数，并给一个 6×6 的矩阵赋值。

①求最大元素值，指出其在矩阵中的所有出现位置。

②求该矩阵的转置矩阵。

```
public class exercise2 {
    public static void main (String [] args) {
        int a [] [] =new int [6] [6];
        int s=0;    //保存累加和
        /*用随机函数给数组赋值*/
        for (int i=0; i<a.length; i++)
            for (int j=0; j<a [i] .length; j++)
                a [i] [j] = (int) (10+Math.random () *20);
        /*按行列输出数组*/
        for (int i=0; i<a.length; i++) {
            for (int j=0; j<a [i] .length; j++)
                System.out.print (" \t" +a [i] [j] );
            System.out.println ();
        }
        /*求最大元素的值及其位置*/
        int posI=0, posJ=0;
        for (int i=0; i<a.length; i++)
            for (int j=1; j<a [i] .length; j++) {
                if (a [i] [j] >a [posI] [posJ] ) {
                    posI=i;
                    posJ=j;
                }
        }
```

```
        System.out.println("最大元素的值为a["
                +posI+"]["+posJ+"]="+a[posI][posJ]);
        /*转置矩阵*/
        for(int i=0;i<a.length;i++)
            for(int j=0;j<i;j++){
                int temp=a[i][j];
                a[i][j]=a[j][i];
                a[j][i]=temp;
            }
        /*输出转置后矩阵*/
        System.out.println("转置后:");
        for(int i=0;i<a.length;i++){
            for(int j=0;j<a[i].length;j++)
                System.out.print("\t"+a[i][j]);
            System.out.println();
        }
    }
}
```

(3) 以下程序求3个学生4门课程成绩的最高分，以及每个学生4门课的平均分，将程序补充完整。

```
public class exercise3{
    static int scores[][]={{77,68,86,73},
        {96,87,89,81},
        {70,90,85,85}};
    static int students,exams;
    static String output="";
    public static void main(String[] args){
        students=scores.length;
        exams=scores[0].length;
        /*求最高分*/
        int highScore=0;      //存储最高分
        for(int i=0;i<students;i++)
```

```
            for (int j=0; j<exams; j++)
                if (scores [i] [j] >highScore)
                    highScore=scores [i] [j];
        output+=" \ n 最高分" +highScore+" \ n";
        /*求第 n 个学生的平均分*/
        for (int i=0; i<students; i++) {
            int total=0;
            for (int j=0; j<exams; j++) {
                total+=scores [i] [j];
            }
            double average= (double) total/exams;
            output+=" \ n 第" + (i+1) +" 学生的平均分:" +average;
        }
        System. out. println (output);
    }
}
```

(4) 定义一个整型数组，利用随机函数生成 10 个 0~100 之间的整数值对数组赋值，利用选择排序按由小到大的顺序实现一维数组的排序，并输出该数组的每个元素。

选择排序的思想：是每一次从待排序的数据元素中选出最小（或最大）的一个元素，存放在序列的起始位置，直到全部待排序的数据元素排完。

```
public class exercise4 {
    public static void main (String [ ] args) {
        int [ ] a=new int [10];
        for (int i=0; i<a. length; i++)
            a [i] = (int) (Math. random () *100);
        /*输出排序前的数组*/
        System. out. print (" 排序前:");
        for (int i=0; i<a. length; i++)
            System. out. print (a [i] +" ");
        /*选择排序*/
        int k=0, temp=0;
        for (int i=0; i<a. length; i++) {
```

```
            k=i;
            for (int j=i+1; j<a.length; j++)
                if (a[k] >a[j])
                    k=j;
            if (k! =i) {
                temp=a[i];
                a[i] =a[k];
                a[k] =temp;
            }
        }
        /*输出排序前的数组*/
        System.out.print(" \n排序后:");
        for (int i=0; i<a.length; i++)
            System.out.print(a[i] +" ");
    }
}
```

课后习题

1. 填空题

(1) 数组复制时," =" 将一个数组的________传递给另一个数组。

(2) JVM 将数组存储在________(堆或栈)中。

(3) 矩阵或表格一般用________维数组表示。

(4) Java 中数组的下标的数据类型是________。

(5) 数组最小的下标是________。

2. 选择题

(1) 下面错误的初始化语句是( )。

A. char str[] =" hello";

B. char str[100] =" hello";

C. char str[] = {'h', 'e', 'l', 'l', 'o'};

D. char str[] = {'hello'};

(2) 定义了一维 int 型数组 a[10] 后,下面错误的引用是( )。

A. a[0] =1;　　　　B. a[10] =2;

C. a［0］=5＊2；　　D. a［1］=a［2］＊a［0］；

（3）下面的二维数组初始化语句中，正确的是（　　）。

A. float b［2］［2］={0.1，0.2，0.3，0.4}；

B. int a［］［］={{1，2}，{3，4}}；

C. int a［2］［］={{1，2}，{3，4}}；

D. float a［2］［2］={0}；

（4）引用数组元素时，数组下标可以是（　　）。

A. 整型常量　　B. 整型变量　　C. 整型表达式　　D. 以上均可

（5）定义了 int 型二维数组 a［6］［7］后，数组元素 a［3］［4］前的数组元素个数(　　)。

A. 24　　B. 25　　C. 18　　D. 17

（6）下列初始化字符数组的语句中，正确的是（　　）。

A. char str［5］=" hello"；

B. char str［］={'h'，'e'，'l'，'l'，'o'，'\0'}；

C. char str［5］={" hi"}；

D. char str［100］=" "；

（7）数组在 Java 中储存在（　　）。

A. 栈　　B. 队列　　C. 堆　　D. 链表

（8）下面程序的运行结果是（　　）。

```
main () {
    int x=30;
    int [] numbers=new int [x];
    x=60;
    System.out.println (numbers.length);
    }
```

A. 60　　B. 20　　C. 30　　D. 50

（9）下面 不是创建数组的正确语句是（　　）。

A. float f［］［］=new float［6］［6］；　　B. loat f［］=new float［6］；

C. float f［］［］=new float［］［6］；　　D. float［］［］f=new float［6］［］；

（10）数组 *a* 的第三个元素表示为（　　）。

A. a（3）　　B. a［3］　　C. a（2）　　D. a［2］

第5章　类和对象

知识必备

Java 程序由一个或多个类组成，类是 Java 程序的基本组成单位，设计 Java 的主要任务就是定义类，然后再根据定义的类创建对象。类由成员变量和成员方法两部分组成，成员变量的类型可以是基本数据类型、数组、自定义类型；成员方法用于处理类的数据。

1. 类的定义

一个 Java 类从结构上可以分为类的声明和类体两部分。类的声明用于描述类的名称以及类的访问权限、与其他类的关系等属性。类体指的是出现在类声明后面的花括号 {} 中的内容。声明类的语法格式如下：

```
[修饰符]  class  类名[extends 父类名]  [implements 接口名]  {
  //成员变量定义
  //方法定义
}
```

(1) 基本格式。

[public]　class　类名

(2) 修饰符。

修饰符一般包括 public、private、protected、abstract（抽象类）、final（最终类），用于限定类的访问权限。

(3) 其他修饰符。

类的其他修饰符主要包括 abstract 和 final，abstract 表示定义的类为抽象类，不能实例化为对象，final 表示声明的类为最终类，不允许有子类。

(4) 指定父类。

声明类时指定所定义的类继承于哪一个父类，使用“extends 父类名”。

(5) 指定接口。

声明类时指定该类实现哪些接口，使用“implements 接口名称”。

2. 成员变量的声明

声明成员变量的语法格式如下：

[访问权限修饰符]　[其他修饰符]　变量的数据类型　成员变量名

(1) 基本格式。

变量的访问权限　变量的数据类型　成员变量名

(2) 声明成员变量的修饰符。

成员变量可添加修饰符，包括访问权限修饰符 public、private、protected 和非访问权限修饰符 static、final、native 等。

3. 静态变量与实例变量

类的成员变量可以分为静态变量和实例变量，静态变量也称为类变量，静态变量使用 static 修饰符定义。

类变量属于类，实例变量属于对象。类的所有对象共享同一个类变量空间，不同对象的实例变量有不同的存储空间。

4. 定义成员方法

声明类的成员方法的语法格式如下：

[访问权限修饰符]　[其他修饰符]　方法返回值的数据类型　成员方法名（[参数列表]）[抛出异常]

```
{
  // 方法体的代码
}
```

(1) 形式参数列表分为带参数和不带参数两种，对于无参数方法来说，即使方法体为空，方法后面的一对圆括号也不能省略。

(2) 方法体是方法实现部分的代码，它包括局部变量的声明和所有合法的 Java 语句。

(3) 抛出异常使用 throws 关键词列出该方法将要抛出的一系列异常。

5. 定义局部变量

定义局部变量的语法格式如下：

[修饰符]　变量的数据类型　局部变量的名称;

6. 对象的创建与初始化

(1) 声明对象的语法格式。

类名　对象名;

(2) 对象实例化的语法格式。

实例化对象使用关键词 new 来实现，其语法格式如下：

不带参数的格式：对象名=new 类名（）；

带参数的格式：对象名=new 类名（［参数值］）；

（3）声明对象时直接实例化对象的语法格式

不带参数的格式：类名 对象名=new 类名（）；

带参数的格式：类名 对象名=new 类名（［参数值］）；

7. 对象的使用

（1）访问对象成员变量的语法格式。

对象名．成员变量名称；

（2）调用对象成员方法的语法格式。

不带参数的格式：对象名．成员方法名（）；

带参数的格式：对象名．成员方法名（［参数值］）；

8. 定义类的构造方法

（1）定义构造方法的语法格式。

```
访问权限  构造方法名称（［参数列表］）
{
   // 方法体的代码
}
```

（2）构造方法的特点。构造方法的名称必须与类名同名；构造方法没有返回类型；通常一个类可提供多个构造方法，这些方法的参数不同。如果一个类未指定构造方法，则系统自动提供无参数构造方法。但如果自定义了构造方法，则系统不再提供无参数构造方法。

例如：Point 类的无参数构造方法默认形式如下：

```
public  Point（）{}
```

9. static 关键词

（1）静态代码块与非静态代码块。Java 类可以使用 static 关键词修饰类的代码块，这样的代码块称为静态代码块。静态代码块在类加载时执行并且只执行一次，它可以完成类变量的初始化。静态初始化代码的执行是在 main 方法执行前完成。

在类中除了静态代码块之外，还可以有非静态代码块，非静态代码块在类中使用一对花括号“{}”定义，并且代码块前无 static 修饰，它用于初始化实例变量。

（2）类变量——static 修饰的属性。类变量的访问形式：在本类中直接访问，通过类名访问，通过类的一个对象访问。

（3）静态方法。用 static 修饰的方法称为静态方法，也叫类方法。在 static 方法中只能访问类变量和其他 static 方法；在 static 方法中绝不能直接访问任何归属对象空间的变量或方法。

10. 包

Java 通过包方便地管理程序的类和接口。包是类和接口的集合，或者说包是类和接口的容器，它将一组类或接口集中到一起，在物理上包被转换成一个文件夹，包中还可以再有包，形成一种层次结构。如果一个程序中同时存在 package 语句、import 语句和类定义，则 package 语句为第一条语句，接下来是 import 语句，然后是类定义。

（1）使用 package 创建包。创建包就是将类与接口放入指定的包中，创建包通过在类和接口的源文件中使用 package 语句实现。声明包的语句格式如下：

package　包名称 1［. 包名称 2…］；

（2）Java 中常用的包。Java 本身提供了以下几个常用的包：

java. lang　　java. io　　java. util　　java. net

java. sql　　java. awt　　java. awt. event　　java. applet

（3）使用 import 导入包中的类。从包中导入指定类的语法格式如下：

import　包名称 . 类名

从包中导入该包全部类的语法格式如下：

import　包名称 . *

11. 内部类和匿名内部类

一个类的内部定义另一个类，我们称这个在类体内部的类为内部类，包含内部类的类为外部类。外部类可以像访问其他类那样访问其内部类，唯一不同的是外部类可以访问其内部类的私有成员。其他类中只可以访问 public 或默认访问控制的内部类。

匿名内部类也就是没有名字的内部类，正因为没有名字，所以匿名内部类只能使用一次，它通常用来简化代码编写，但使用匿名内部类还有个前提条件：必须继承一个父类或实现一个接口。

引导实训

【实训 5-1】 循序渐进了解对象知识

【实训目的】

了解对象与对象引用的关系。

【实训内容】

（1）构建 Point 类。

```
class Point {
    int x, y;
}
```

（2）创建对象。

```
public static void main (String [ ] args) {
    Point a=new Point;    //用系统默认构造方法创建对象。
    System. out. println (a);
}
```

观察运行结果是对象的引用地址，记录实验结果。

（3）编写一个 toString（）方法。

```
public String toString () {
    return x+"," +y;
}
```

观察输出结果，思考原因。

（4）在 main 方法添加如下代码，定义另一对象引用变量 *b*，让 *b* 和 *a* 引用同一对象。

```
b=a;
a. x=10;
System. out, print (b);
```

观察结果，理解 *a* 和 *b* 的关系。

（5）定义构造方法。

```
public Point (int x1, int y1) {
    x=x1;
    y=y1;
}
```

理解构造方法的作用是给属性变量赋值。

（6）新定义的构造方法创建对象，改变引用变量 b，让其指向新建对象。

```
b=new Point (8, 3);
```

观察编译错误，思考什么时候系统会自动提供默认构造方法。

（7）编写无参数构造方法。

```
public Point () {
```

```
    this (10, 10);    //用 this 调用另一构造方法，等价于 x=10; y=10
}
```

输出 a、b，观察有何变化，在实验报告上画图表示，体会对象与对象引用的关系。

(8) 加入如下代码：

```
b=null;
```

再输出 b，观察结果的变化。

(9) 定义一个对象数组 c。

```
Point [ ] c= {a, b};
```

输出 c [0]，c [1]。

(10) 定义一个更大数组。

```
Point c [ ] =new Point [8];
c [0] =a;
c [1] =b;
```

用以下代码循环输出整个数组。

```
for (int k=0; k<c.length; k++)
    System.out.println (c [k] );
```

观察结果，分析总结对象数组元素的赋值特点。

(11) 添加如下代码：

```
c [6] =new Point (4, 8);
```

重新观察输出结果。

(12) 添加如下代码：

```
c [7] =new Point ();
```

重新观察输出结果，注意 c [0] 和 c [7]。

(13) 将有参数构造方法的参数名定为 x、y，则程序做如下修改：

```
public Point (int x, int y) {
    this.x=x;
    this y=y;
}
```

理解 this 的作用。如果没有 this 会如何？

【思考】

(1) toStrimg () 方法能否写成如下形式：

```
public String toString () {
```

```
    return this. x+"," +this. y;
}
```

可以，但没有必要，因为直接写 x、y 也是指对象的 x、y 属性。

(2) 增加代码，利用随机函数产生3位数给数组赋值，观察运行结果。三位数的产生方法为“100+（int）（Math. random（） *900）”。

(3) 增加代码。求所有元素的平均值，并输出结果。

【实训 5-2】 简单类的定义和使用

【实训目的】

掌握类的定义，熟悉属性、构造函数、方法的作用。

【实训内容】

写一个名为 Rectangle 的类表示同一种颜色的矩形类。其成员属性包括宽 width、高 height，类属性包括颜色 color（默认颜色是蓝色），width 和 height 都是 double 型的，而 color 则是 String 类型的。

要求该类具有：

(1) 使用构造函数完成各属性的初始赋值。

(2) 使用 getter 和 setter 的形式完成属性的访问及修改。

(3) 提供计算面积的 getArea（）方法。

(4) 合理的 toString 方法。

(5) 编写 main 函数对类进行测试。

【参考程序】

```
public class Rectangle {
    private double width;    //矩形的宽
    private double height; //矩形的高
    private static String color = " 蓝色";   //颜色
    public Rectangle () {  //默认构造函数
        this (0.0, 0.0); //调用本类的构造函数，即下面两个参数的构造函数
    }
    public Rectangle (double width) {
        this (width, width);   //调用本类的构造函数，
    }
    public Rectangle (double width, double height) {
```

```
        this. width = width;
        this. height = height;
    }
    public double getWidth () {
        return width;
    }
    public void setWidth (double width) {
        this. width = width;
    }
    public double getHeight () {
        return height;
    }
    public void setHeight (double height) {
        this. height = height;
    }
    public static String getColor () {     //注意有 static
        return color;
    }
    public static void setColor (String color) { //注意有 static
        Rectangle. color = color;
    }
    public double getArea () {//计算面积的方法
        return width * height;
    }
    public String toString () {
        return " 宽: " + width + " \t\t高:" + height + " \t\t颜色: " +
                color+ " \t\t面积: " + getArea ();
    }
    public static void main (String [ ] args) {
        Rectangle r;
        System. out. println (" 创建一个默认初值的矩形:" );
        r = new Rectangle ();
```

```
        System.out.println（"  \t" + r）;
        System.out.println（" 修改具有默认初值矩形的宽为10，高为20:" ）;
        r.setWidth（10）;
        r.setHeight（20）;
        System.out.println（"  \t" + r）;
        System.out.println（" 修改所有矩形对象的颜色为红色" ）;
        Rectangle.setColor（" 红色" ）;
        System.out.println（"  \t" + r）;
        System.out.println（" 创建一个宽10，高30的矩形" ）;
        r = new Rectangle（10，30）;
        System.out.println（"  \t" + r）;
        System.out.println（" 创建一个边长为1的正方形:" ）;
        r = new Rectangle（1）;
        System.out.println（"  \t" + r）;
        }
}
```

【实训 5-3】static 的使用

【实训目的】

理解 static 的作用和使用方法。

【实训内容】

运行下面的程序，写出运行结果，写出类成员属性和实例成员属性的区别。

```
class MyParts {
static {//初始化先于构造方法的执行
    x=10;
}
public static int x = 7;
public int y = 3;
}
public class JLab1101 {
public static void main（String [ ] args）{
    MyParts a = new MyParts（）;
    MyParts b = new MyParts（）;
```

```
        System. out. println ("  输出一: a. x = " + a. x);
        System. out. println ("  输出一: b. x = " + b. x);
        a. y = 5;
        b. y = 6;
        a. x = 1;
        b. x = 2;
        System. out. println ("  输出二: a. y = " + a. y);
        System. out. println ("  输出二: b. y = " + b. y);
        System. out. println ("  输出三: a. x = " + a. x);
        System. out. println ("  输出三: b. x = " + b. x);
    }
}
```

(1) 输出一的结果是什么，它的值的来源是什么，反映了什么特性?

输出一: a. x = 7

输出一: b. x = 7

来源于 public static int x=7;

在 static 中定义的属性，只能通过静态方法调用。

(2) 输出二的结果是什么，它的值的来源是什么，反映了什么特性?

输出二: a. y = 5

输出二: b. y = 6

来源于 a. y = 5; b. y = 6;

实例成员的属性，可以分别对他进行赋值。

(3) 输出三的结果是什么，它的值的来源是什么，反映了什么特性?

输出三: a. x = 2

输出三: b. x = 2

值来源于 b. x=2;

类成员属性是全局变量，后面的赋值会覆盖前一个。

【实训 5-4】 包的应用

【实训目的】

了解排序问题的编程实现思想。

【实训内容】

1）创建项目 testpackage

（1）在该项目下创建包 pack1 和包 pack2。

（2）在 pack1 下创建类 A 和类 B。

（3）在 pack2 下创建类 B 和类 C（见图 5-1）。

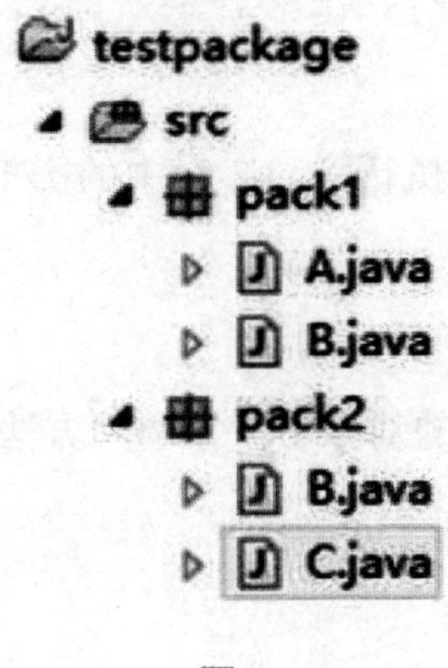

图 5-1

（4）同一个包情形：在 pack1. B 的 main 方法中创建一个类 A 的对象 a。

```
package pack1;
public class B {
    public static void main (String [ ] args) {
        A a=new A ();
    }
}
```

注意：同一包中的类 A 可以直接访问。

（5）不同包情形：在 pack2. C 的 main 方法中创建一个类 A 的对象 a。

```
package pack2;
import pack1. A;
public class C {
    private void mai () {
        A a=new A ();
    }
}
```

【思考】

（1）将“import pack1. A;”这条语句去掉，会出现什么错误?

（2）将 public class A 的 Public 属性去掉，类 C 还能访问到类 A 吗？为什么？

【注意】总结各种访问修饰符的作用。

2）在 pack2. B 中添加方法 f

```
package pack2;
public class B {
    public void f ( ) {
        System. out. println (" 执行 pack2 包中的类 B 的方法 f" );
    }
}
```

3）在 pack2. C 中创建 pack2. B 的对象 b，并调用方法 f

```
package pack2;
public class C {
    private void mai ( ) {
        B b=new B ( );
        b. f ( );
    }
}
```

4）在类 A 中添加如下三个成员变量

int 型的私有变量 i

float 型的变量 f

double 型的公有变量 d

```
package pack1;
public class A {
    private int i;
    float f;
    public double d;
}
```

5）在 pack1. B 的 main 方法中添加代码，为对象 a 的成员变量 f 和 d 分别赋值为 2 和 3

```
package pack1;
public class B {
```

```
    public static void main (String [ ] args) {
        A a=new A ();
        a.f=2;
        a.d=3;
    }
}
```

【思考】能为对象 a 的成员变量 i 赋值吗？为什么？

6）在 pack2. C 的 main 方法中为对象 a 的成员变量 d 赋值为 3

```
    a.d=3;
```

拓展实训

1）程序改错

(1) 下面两个程序的功能都是输出“中国，我爱你!”，但程序有错，请修改程序以得到正确的输出。

```
public  class Test1 {
    private  String data1=" 中国，我爱你!";
    public static void main (String [ ] args) {
        System.out.println (data1);
    }
}

public  class Test1 {
    void  showData () {
        System.out.println (" 中国，我爱你!" );
    }
    public static void main (String [ ] args) {
        showData ();
    }
}
```

(2) 写出程序运行结果，如有错误，指出原因并改正。

```
class StaticDemo {
    static int x;
```

```
    int y;
    static {
        x=10;
    }
    public static int getX () {
        return x;
    }
    public static void setX (int newX) {
        x = newX;
    }
    public int getY () {
        return y;
    }
    public void setY (int newY) {
        y = newY;
    }

    public static void main (String [ ] args) {
        System. out. println (" 静态变量 x=" +StaticDemo. getX () );
        System. out. println (" 实例变量 y=" +StaticDemo. getY () );
        StaticDemo a= new StaticDemo ();
        StaticDemo b= new StaticDemo ();
        a. setX (1);
        a. setY (2);
        b. setX (3);
        b. setY (4);
        System. out. println (" 静态变量 a. x=" +a. getX () );
        System. out. println (" 实例变量 a. y=" +a. getY () );
        System. out. println (" 静态变量 b. x=" +b. getX () );
        System. out. println (" 实例变量 b. y=" +b. getY () );
    }
}
```

2）按程序模板的要求编写源文件

要特别注意程序的输出结果，并能正确解释输出的结果。

程序运行效果示例（见图 5-2）。

```
<terminated> Example
100.0
200.0
300.0
150.0
300.0
```

图 5-2

程序模板：

Example. java

```
class A
{
      【代码 1】          //声明一个 float 型实例变量 a
      【代码 2】          //声明一个 float 型类变量 b，即 static 变量 b
   void setA (float a)
    {
      【代码 3】           //将参数 a 的值赋值给成员变量 a
    }
   void setB (float b)
    {
      【代码 4】          //将参数 b 的值赋值给类变量 b
    }
   float getA ( )
    {
       return a;
    }
   float getB ( )
    {
       return b;
    }
```

```
        void inputA ()
        {
            System. out. println (a);
        }
        static void inputB ()
        {
            System. out. println (b);
        }
}
public class Example
{
        public static void main (String args [ ] )
        {
            【代码 5】                  //通过类名操作类变量 b，并赋值 100
            【代码 6】                  //通过类名调用方法 inputB ( )
            A cat=new A ();
            A dog=new A ();
            【代码 7】//cat 对象调用方法 setA (int a) 将 cat 的成员 a 的值设置为 200
            【代码 8】//cat 对象用方法 setB (int b) 将 cat 的成员 b 的值设置为 400
            【代码 9】//dog 对象调用方法 setA (int a) 将 dog 的成员 a 的值设置为 150
            【代码 10】//dog 对象调用方法 setB (int b) 将 dog 的成员 b 的值设置为 300
            【代码 11】//cat 对象调用 inputA ( )
            【代码 12】//cat 对象调用 inputB ( )
            【代码 13】//dog 对象调用 inputA ( )
            【代码 14】//dog 对象调用 inputB ( )
        }
}
```

补充完程序后练习：

(1) 将 inputA () 方法中的

System. out. println (a);

改写为

System. out. println (a+b);

编译是否出错？为什么？

（2）将 inputB（）方法中的

System. out. println（b）;

改写为

System. out. println（a+b）;

编译是否报错？为什么？

3）顾客管理设计

定义一个顾客类 Customer，要求有属性：

id　：　long 型，代表编号

name：　String 类对象，代表姓名

age　：　int 型，代表年龄

sex　：　boolen 型，代表性别（其中：true 表示男，false 表示女）

phone：　String 类对象，代表联系电话 方法有：

①Customer（long i，String n，int a，boolean s，String p）：有参构造函数，分别初始化编号、姓名、年龄、性别和联系电话。

②public String toString（）：以“姓名：年龄：联系电话”的形式作为方法的返回值。

③getXX（）方法：得到属性值的方法。其中 XX 表示类中的各属性名。

④setXX（dd）方法：各属性值设置方法，其中 XX 表示类中的各属性名。

【参考代码】

```
public class Customer {
    long id;
    String name;
    int age;
    boolean sex;
    String phone;
    Customer (long i, String n, int a, boolean s, String p) {
        id=i;
        name=n;
        age=a;
        sex=s;
        phone=p;
```

```
    }
    Customer () {    }
    public String toString () {
        return " \n 编号:" +id+" 姓名:" +name+" 年龄:" +" 性别:" +sex+" 联系电话:" +phone;
    }
    public void setId (long i) {
        id=i;
    }
    public void setName (String n) {
        name=n;
    }
    public void setAge (int a) {
        age=a;
    }
    public void setSex (boolean s) {
        sex=s;
    }
    public void setPhone (String p) {
        phone=p;
    }
    public long getId () {
        return id;
    }
    public String getName () {
        return name;
    }
    public int getAge () {
        return age;
    }
    public boolean getSex () {
        return sex;
```

```
    }
    public String getPhone () {
        return phone;
    }
}
```

4）编写一个 Java 程序片断，以定义一个表示学生的类 Student

该类包括：

（1）这个类的属性有："学号""班号""姓名""性别""年龄"，每个属性的类型请参考构造方法。

（2）为每个属性编写 getter 和 setter 方法。

（3）编写构造方法 public Student（long studentID，int classID，String name，String sex，int age)，为属性赋值。

（4）为类 Student 增加一个方法 public String toString（ ），该方法把 Student 类的对象的所有属性信息组合成一个字符串以便输出显示。

（5）编写一个 Java Application 程序，创建 Student 类的对象，并验证新增加的功能。

5）设计一个名为 Account 的类

（1）一个名为 id 的 int 类型私有账户数据域，存储账号（默认值为 0）。

（2）一个名为 balance 的 double 类型私有账户数据域，存储账户余额（默认值为 0）。

（3）一个名为 annualInterestRate 的 double 类型私有数据域，存储当前利率（默认值为 0）。

（4）一个名为 dateCreate 的 Date 类型私有数据域，存储账户的开户日期。

（5）一个能创建默认账户的无参数构造方法。

（6）一个能创建带特定 id 和初始余额的账户的构造方法。

（7）id、balance 和 annualInterestRate 的访问器和修改器。

（8）dateCreate 的访问器。

（9）一个名为 getMonthlyInterestRate（）的方法返回月利率。

（10）一个名为 withDraw 的方法从账户提取特定数额。

（11）一个名为 deposit 的方法向账户存储特定数额。

（12）编写一个测试程序类 AccountTest，创建一个账户 ID 为 1122、余额为 20 000 元、年利率为 4.5%的 Account 对象。使用 withDraw 方法取款 2 500 元，使用 deposit 方法存款

3 000 元，然后打印余额、月利息以及这个账户的开户日期。

```
/ * Account 类 * /
import java. util. Date;
    public class Account {
    private int id = 0;
    private double balance = 0;
    private double annualInterestRate = 0;
    private Date dateCreate = new Date ( );

    public Account ( ) {}      //默认构造方法
    public Account (int id, double balance) {//能创建带特定 id 和初始余额的账户的
构造方法
        this. id = id;
        this. balance = balance;
        this. annualInterestRate = annualInterestRate;
    }
    public Account (int id, double balance, double annualInterestRate) {
        this. id = id;
        this. balance = balance;
        this. annualInterestRate = annualInterestRate;
    }

    public int getId ( ) {
        return id;
    }
        public int setId (int id) {
        if (id < 0) {
            return -1;
        }
        else {
            this. id = id;
            return 0;
```

```
    }
}
    public double getBalance () {
    return balance;
}
    public double setBalance (double balance) {
    if (balance < 0) {
        return -1;
    }
    else {
        this.balance = balance;
        return 0;
    }
}

public double getAnnualInterestRate () {
    return annualInterestRate;
}
    public double setAnnualInterestRate (double annualInterestRate) {
    if (annualInterestRate < 0) {
        return -1;
    }
    else {
        this.annualInterestRate = annualInterestRate;
        return 0;
    }
}

public Date getDateCreate () {
    return dateCreate;
}
public double getMonthlyInterestRate () {
```

```
            return annualInterestRate / 12;
        }
            public int withDraw (double cash) {
            if (cash > balance)
                return -1;
            else {
                balance = balance - cash;
                return 0;
            }
        }
            public int deposit (double cash) {
            if (cash < 0)
                return -1;
            else {
                balance = balance + cash;
                return 0;
            }
        }
    }
    /*测试程序*/
    public class AccountTest {
        public static void main (String [ ] args) {
            Account acc = new Account (1122, 20000, 0.045);
            System.out.println (" 账户 ID:" + acc.getId () );
            if (acc.withDraw (2500) == 0)
                System.out.println (" 取款成功，剩余金额:" + acc.getBalance () );
            else
                System.out.println (" 取款失败，剩余金额:" + acc.getBalance () );
            if (acc.deposit (3000) == 0)
                System.out.println (" 存款成功，剩余金额:" + acc.getBalance () );
            else
                System.out.println (" 取款失败，剩余金额:" + acc.getBalance () );
```

```
        System. out. println ("月利率为:" + acc. getMonthlyInterestRate ());
        System. out. println ("开户日期为:" + acc. getDateCreate (). toString
());
    }
}
```

课后习题

1. 填空题

（1）面向对象的三大特征是________、________和________。

（2）在 Java 中，可以使用关键字________来创建类的实例对象。

（3）定义在类中的变量被称为________，定义在方法中的变量被称为________。

（4）在非静态成员方法中，可以使用关键字________访问类的其他非静态成员。

（5）当一个对象被当成垃圾从内存中释放时，它的________方法会被自动调用。

（6）被 static 关键字修饰的成员变量被称为________，它可以被该类所有的实例对象共享。

（7）在一个类中，除了可以定义属性、方法，还可以定义类，这样的类被称为________。

（8）所谓类的封装是指在定义一个类时，将类中的属性私有化，即使用________关键字来修饰。

（9）类的访问控制符有________和（默认）________两种，________类具有跨包访问性而默认（default）类不能被跨包访问。

（10）类成员的访问控制符有________、________、________和默认四种。

（11）public 类型的类成员可被________、同一包中的________和不同包中的________的代码访问引用。

（12）protected 类型的类成员可被________、同一包中的________和不同包中的________的代码访问引用。

（13）default 类型的类成员只能被________、同一包中的________的代码访问引用。

（14）private 类型的类成员只能被其所在类中的代码访问引用，它只具有________域访问性。

（15）系统规定用________表示当前类的构造方法，用________表示直接父类的构造方法，在构造方法中两者只能选其一，且须放在第一条语句中。

2. 选择题

(1) 类的定义必须包含在（　　）符号之间。

A. 方括号 [ ]　　B. 花括号 { }　　C. 双引号 “”　　D. 圆括号 ( )

(2) 下面类的声明中正确的是（　　）。

A. public void HH {…}　　B. public class Move ( ) {…}

C. public class void number { }　　D. public class Car {…}

(3) 在（　　）情况下，构造方法会被调用。

A. 类定义时　　B. 创建对象时

C. 调用对象方法时　　D. 使用对象的变量时

(4) 下面对于构造方法的描述中，正确有（　　）。(多选)

A. 方法名必须和类名相同

B. 方法名的前面没有返回值类型的声明

C. 在方法中不能使用 return 语句返回一个值

D. 当定义了带参数构造方法，系统默认的不带参数的构造方法依然存在

(5) 使用 this 调用类的构造方法，下面的说法中正确的是（　　）。(多选)

A. 使用 this 调用构造方法的格式为 this ([参数 1，参数 2…])

B. 只能在构造方法中使用 this 调用其他的构造方法

C. 使用 this 调用其他构造方法的语句必须放在第一行

D. 不能在一个类的两个构造方法中使用 this 互相调用

(6) 下面可以使用 static 关键字修饰的是（　　）。(多选)

A. 成员变量　　B. 局部变量　　C. 成员方法　　D. 成员内部类

(7) 关于内部类，下面说法正确的是（　　）。(多选)

A. 成员内部类是外部类的一个成员，可以访问外部类的其他成员

B. 外部类可以访问成员内部类的成员

C. 方法内部类只能在其定义的当前方法中进行实例化

D. 静态内部类中可以定义静态成员，也可以定义非静态成员

(8) 下面对于单例设计模式的描述中，正确的是（　　）。(多选)

A. 类中定义一个无参的构造方法，并且声明为私有

B. 在内部创建一个该类的实例对象，使用静态变量引用该实例对象

C. 使用 private 修饰静态变量，禁止外界直接访问

D. 定义静态方法返回该类实例

(9) 下面关于封装性的描述中，错误的是（　　）。

A. 封装体包含属性和行为　　B. 被封装的某些信息在外不可见

C. 封装提高了可重用性　　D. 封装体中的属性和行为的访问权限相同

(10) 下列说法是正确的是（　　）。

A. 用 static 关键字声明实例变量　　B. 实例变量是类的成员变量

C. 局部变量在方法执行时创建　　D. 局部变量在使用之前必须初始化

第 6 章　继承与多态

知识必备

类的继承是面向对象程序设计的一个重要特性，继承很好地实现了类的可重用性和扩展性，当一个类自动拥有另一个类的属性和方法时，则称这两个类之间具有继承关系。被继承的类称为父类或超类，由继承得到的类称为子类。

1. 声明子类的基本格式

```
[ 类的修饰符 ] class 子类名 extends 父类名  {
    成员变量的定义;
    成员方法的定义;
}
```

（1）修饰符：可选，用于指定类的访问权限，可选值为 public、abstract 和 final。

（2）子类名：必选，用于指定子类的名称。类名必须是合法的 Java 标识符，一般情况下，要求首字母大写。

（3）extends 父类名：必选，用于指定要定义的子类继承于哪个父类。

（4）在 Java 中，类只支持单继承，不允许多重继承，也就是说一个类只能有一个直接父类，例如下面这种情况是不合法的。

```
class A extents B, C {
}
```

说明：定义类 A 继承了类 B 和类 C，这就是多重继承

2. 子类可以继承父类中所有可被子类访问的成员变量和成员方法，但必须遵循以下原则

（1）子类能够继承父类中被声明为 public 和 protected 的成员变量和成员方法，但不能继承被声明为 private 的成员变量和成员方法。

（2）子类能够继承在同一个包中的由默认修饰符修饰的成员变量和成员方法。

（3）如果子类声明了一个与父类的成员变量同名的成员变量，则子类不能继承父类的成员变量，此时称子类的成员变量隐藏了父类的成员变量。

(4) 如果子类声明了一个与父类的成员方法同名的成员方法，则子类不能继承父类的成员方法，此时称子类的成员方法覆盖了父类的成员方法。

3. 正确使用 this

this 是 Java 的关键词，表示当前对象本身的一个引用，可将其理解为对象的另一个名字，通过这个名称可以顺利地访问对象，修改对象的数据成员，调用对象的成员方法。

(1) 访问本类对象的成员变量。

访问对象的成员变量的基本格式如下：

this. 成员变量名称 ；

(2) 访问本类对象的成员方法。

访问对象的成员方法的基本格式如下：

this. 方法名（[参数列表]）

(3) 访问本类的其他构造方法。

重载构造方法时，引用同类的其他构造方法的基本格式如下：

this（ 参数列表 ）

4. 正确使用 super

(1) 调用父类的成员变量。

在子类中操作父类中被隐藏的成员变量，调用父类的成员变量的基本格式如下：

super. 成员变量名称；

(2) 调用父类的成员方法。

如果想在子类中操作父类中被隐藏的成员变量和被覆盖的成员方法，调用父类的成员方法的基本格式如下：

super. 成员方法名（[参数列表]）；

(3) 调用父类的构造方法。

子类可以调用父类的构造方法，但是必须在子类的构造方法中使用 super 关键字来调用。其具体的语法格式如下：

super（ [参数列表] ）；

如果父类的构造方法中包括参数，则参数列表为必选项，用于指定父类构造方法的入口参数，操作被隐藏的成员变量和被覆盖的成员方法。

5. 方法重写

(1) 方法的重写（overriding），是指子类在继承超类的方法时并没有原封不动地继承，而是做了一定的修改。方法重写又称方法覆盖。对于重写方法的访问限制修饰词，子类方法要和超类一致或者比超类更高。

（2）方法的重写有以下几个方面的规则：

不能用子类的静态方法重写父类中同样标识的实例方法；不能用子类的实例方法重写父类中同样标识的静态方法；静态方法和最终方法（带关键字 final 的方法）不能被重写；实例方法能够被重写；抽象方法必须在具体类中被重写；java 语言中静态方法可以被继承，但不能被重写。

6. 方法重载

（1）方法重载：当在同一个类中定义了多个同名而内容不同的成员方法时，我们称这些方法是重载（overloading）方法。重载方法主要通过形式参数列表中参数的个数、参数的类型和参数顺序的不同加以区分。方法重载的返回值类型可以相同也可以不同。

（2）重载方法的匹配：对于具有重载方法的类，具体要调用哪个方法是由参数序列来决定的。参数可以是基本数据类型，也可以是对象引用，如果给的参数没有完全匹配的，尽可能找出最兼容参数的方法。

7. final 与继承

（1）final 代表最终的，凡是使用 final 修饰的类都不能被继承，只有当需要确保类中的所有方法都不能被重写改进时才应该使用 final 关键字修饰类。尽管方法重写是 java 语言中一个强大的特性，但有些时候需要阻止一些特定方法被重写，即在方法定义前加 final 修饰符。声明成 final 的方法不能被重写，只能被继承。

（2）final 关键字有 3 种用途：用来创建一个常量；用来阻止继承；用来阻止方法重写。

（3）声明一个既是抽象类又是 final 的类是不合法的，因为抽象类本身是不完整的，所以它需要依靠子类提供完整的实现。

8. 类的组合

（1）在进行类的设计时仍应尽可能避免使用继承关系，在设计类时采用继承往往会增加类的层次结构，当过多地使用这种关系时类的层次就会很多。

（2）使用类的继承关系时子类会继承父类的所有成员变量和方法，有一些成员变量和方法不是子类所希望继承的。

（3）类的组合关系是一种低耦合的类间依赖关系，通过类的组合可以将其他类的功能加入当前类中，不包含任何层次关系，其实现简单，维护代价低。

9. 基于继承的多态

所谓基于继承的多态，是指通过定义父类的引用，可以根据需要将引用指向不同的子类对象，然后调用不同的子类来实现。多态是面向对象程序设计的重要部分，是面向对象的 3 个基本特性之一。在 Java 语言中，通常使用方法的重载（overloading）和覆盖

(overriding)实现类的多态性。多态性提供类成员设计的灵活性和方法执行的多样性，是面向对象的核心特征之一，在程序设计语言中，多态性是指“一种定义，多种实现”。程序运行时，系统根据调用方法的参数或调用方法的对象自动选择一个方法执行。

引导实训

【实训 6-1】类的继承

【实训目的】

理解类的继承，掌握变量隐藏、方法覆盖的概念。

【实训内容】

1）创建公共类 Student（学生）

（1）编写程序文件 Student. java，源代码如下：

```
public class Student {
    protected String name;                    //具有保护修饰符的成员变量
    protected int number;
    void setData (String m, int h) {          //设置数据的方法
        name =m;    number= h;
    }
    public void print () {        //输出数据的方法
        System. out. println (name+", " +number);
    }
}
```

（2）编译 Student. java，产生类文件 Student. class。

2）创建继承的类 Undergraduate（大学生），补充程序以完成功能

（1）程序功能：通过 Student 类产生子类 undergraduate，其不仅具有父类的成员变量 name（姓名）、number（学号），还定义了 String 类型新成员变量 academy（学院）、department（系）。在程序中调用父类的 print 方法。

（2）编写 Undergraduate 程序：

```
class Undergraduate【代码 1】Student
{
    【代码 2】          //定义成员变量 academy
    【代码 3】        //定义成员变量 department
    public static void main (String args [ ] ) {
```

```
        【代码4】//创建一个学生对象 s
        【代码5】//调用 setData 方法初始化对象 s（姓名张三，学号 1）
        【代码6】//对象 s 调用 print 方法
        【代码7】//创建一个大学生对象 u
        【代码8】//调用父类 setData 方法初始化对象 u（姓名李四，学号 2）
        【代码9】//设置对象 u 的成员变量 academy 为经信分院
        【代码10】//设置对象 u 的成员变量 department 信息系
        System. out. print（u. name+"，" +u. number+"，" +u. academy+"，"
                                                          +u. department）;
    }
}
```

【代码1】extends

【代码2】String academy;

【代码3】String department;

【代码4】Student s=new Student（）;

【代码5】s. setData（" 张三", 1）;

【代码6】s. print（）;

【代码7】Undergraduate u = new Undergraduate（）;

【代码8】u. setData（" 李四", 2）;

【代码9】u. academy=" 经信分院";

【代码10】u. department=" 信息系";

（3）编译并运行程序

【注意】公共类 Student 与 undergraduate 类要在同一文件夹（路径）内。

【实训 6-2】继承关系中的覆盖与重载问题类的继承

【实训目的】

理解类的继承，掌握变量隐藏、方法覆盖的概念。

【实训内容】

（1）继承关系中的覆盖与重载问题。

```
class parent {
    int x=100;
    void m（）{
```

```
        System. out. println (" 父类中: x=" +x);
    }
}
class child extends parent {
    int x=200;
    public static void main (String [ ] args ) {
        child a=new child ();
        a. m ();
        System. out. println (a. x);
    }
}
```

调试程序，分析结果，理解方法属性的继承与父类属性隐藏的概念。

(2) 在子类中增加一个方法，和 parent 类一样，为了显示差别，在输出上加处理。

```
void m () {
    System. out. println (" 子类中 x=" +x);
}
```

重新编译运行程序，观察结果的变化，理解方法的覆盖关系。

(3) 在子类方法中，加入通过 super 引用访问父类方法和属性的代码。

```
void m () {
    System. out. println (" 子类中 x=" +x);
    System. out. println (" super. x=" +super. x);
    super. m ();
}
```

重新编译运行程序，观察结果，理解 super 访问的特点。

(4) 站在父类引用看成员。

修改以上 main 方法的引用类型，用父类引用变量引用子类对象。

```
parent a= new child ( );
```

重新调试运行程序，观察结果变化，总结用父类引用访问成员的特点。

(5) 将以上属性和方法分别改为静态属性和静态方法，重新进行测试，总结规律。

【实训 6-3】 方法的参数多态

【实训目的】

了解方法调用的参数匹配处理。

【实训内容】

（1）参数多态的方法匹配。

```
public class methodMatch {
    int x=200;
    public methodMatch () {
        x=300;
    }
    public methodMatch (int y) {
        x=y;
    }
    public void m1 () {
        x=x+1;
    }
    public void m1 (int k) {
        x=x+k;
    }
    public void m1 (int x, int y) {
        this. x=this. x+x+y;
    }
    public static void main (String [ ] args [ ] ) {
        methodMatch a=new methodMatch ();
        a. m1 (2, 3);
        methodMatch b=new methodMatch (20);
        b. m1 (50);
        a. m1 (9);
        System. out. println ( "a. x=" +a. x);
        System. out. println ( "b. x=" +b. x);
    }
}
```

调试程序，理解构造方法的参数多态与方法的参数多态的定义与调用。

（2）将上述 main 方法中的 b. ml（50）改为 b. m1（50. 2）进行测试，修改 m1（int k）方法的参数为 double 类型，重新测试程序，总结参数转换匹配规律。

【实训 6-4】 综合样例

【实训目的】

掌握方法的参数多态设计与方法的调用。

【实训内容】

编写一个类，封装有梯形对象，设计求梯形面积的参数多态方法。

【参考代码】

```
public class trapezoid {
    double upper;        //上底
    double bottom;       //下底
    double height;       //高

    public trapezoid (double upper, double bottom, double height) {
        this. upper=upper;
        this. bottom=bottom;
        this. height=height;
    }

    public double area () {
        return (upper +bottom) * height/2;
    }

    public double area (trapezoid me) {
        return (me. upper + me. bottom) * me. height/2;
    }

    public double area (double upper, double bottom, double height) {
        return (upper +bottom) * height/2;
    }

    public static void main (String [ ] args) {
        trapezoid x=new trapezoid (2, 6, 3);
        System. out. println (" 面积 1=" +x. area () );
```

```
        System. out. println ("  面积 2 = " +x. area (new trapezoid (2, 8, 4)));
        System. out. println ("  面积 3 = " +x. area (3, 8, 5));
    }
}
```

【说明】注意体会方法参数匹配，并判断方法是实例方法还是静态方法。

拓展练习

（1）将以下程序补充完整。

```
public class exercise1 {
    int x, y; //点的坐标
    public exercise1 () {}
    public exercise1 (int x, int y) {
        ______________
    }
    public exercise1 (exercise1  p) {
        ______________
    }
    //以下方法以对象的形式返回当前点的位置
    public exercise1 getLocation () {
        exercise1 p=__________ //实例 exercise1 对象 p，其坐标是（x，y）
        __________//返回对象 p
    }
    public String toString () {
        return " (" +x+"," +y+" ) ";
    }

    public static void main (String [] args) {
```

```
        exercise1 p=__________ //生成一个对t (5.5)
        System.out.println (" x=" +p.x+" y=" +p.y);
        System.out.println (" Location is" +p.getLocation ( ) );
    }
}
```

(2) 设计一个类Shape（图形）包含求面积和周长的area（）方法和perimeter（）方法以及设置颜色的方法SetColor（），并利用Java多态技术设计其子类Circle（圆形）类、Rectangle（矩形）类和Triangle（三角形）类，并分别实现相应的求面积和求周长的方法。每个类都要覆盖toString方法。

海伦公式：三角形的面积等于s（s-a）（s-b）（s-c）的开方，其中s=（a+b+c）/2。

```
/*类Shape（图形）*/
package Class;
public class Shape {
private String color = " while";
public Shape (String color) {
    this.color = color;
}
public void setColor (String color) {
    this.color = color;
}
public String getColor ( ) {
    return color;
}
public double getArea ( ) {
    return 0;
}
public double getPerimeter ( ) {
    return 0;
}
public String toString ( ) {
```

```
        return " color:" + color;
    }
}
/* 类 Circle（圆）*/
package Class;
public class Circle extends Shape {
        private double radius;
        public Circle (String color, double radius) {
            super (color);
            this.radius = radius;
        }
        public void setRadius (double radius) {
            this.radius = radius;
        }
        public double getRadius () {
            return radius;
        }
        public double getCircleArea () {
            return 3.14 * radius * radius;
        }
        public double getCirclePerimeter () {
            return 3.14 * 2 * radius;
        }
        public String toString () {
            return " The Area is:" + getCircleArea ()
                + " \nThe Perimeter is:" + getCirclePerimeter ();
            }
        }
        /*类 Rectangle（矩形）*/
        package Class;
        public class Rectangle extends Shape {
            private double width;
```

```
    private double height;
    public Rectangle (String color, double width, double height) {
        super (color);
        this.width = width;
        this.height = height;
    }
    public void setWidth (double width) {
        this.width = width;
    }
    public double getWidth () {
        return width;
    }
    public void setHeight (double height) {
        this.height = height;
    }
    public double getHeight () {
        return height;
    }
    public double getRectangleArea () {
        return width * height;
    }
    public double getRectanglePerimeter () {
        return 2 * (width + height);
    }
    public String toString () {
        return " The Area is:" + getRectangleArea ()
            + " \nThe Perimeter is:" + getRectanglePerimeter ();
    }
}
/*类 Triangle（三角）*/
package Class;
public class Triangle extends Shape {
```

```
private double a;
private double b;
private double c;
private double s;
public Triangle (String color, double a, double b, double c, double s) {
    super (color);
    this. a = a;
    this. b = b;
    this. c = c;
    this. s = s;
}
public void setA (double a) {
    this. a = a;
}
public double getA () {
    return a;
}
public void setB (double b) {
    this. b = b;
}
public double getB () {
    return b;
}
public void setC (double c) {
    this. c = c;
}
public double getC () {
    return c;
}
public double getTriangleArea () {
    return Math. sqrt (s * (s-a) * (s-b) * (s-c) );
}
```

```
    public double getTrianglePerimeter () {
        return a + b + c;
    }
    public String toString () {
        return " The Area is:" + getTriangleArea ()
            + " \nThe Perimeter is:" + getTrianglePerimeter ();
    }
}
```

Main 包

```
package Main;
import Class.Shape;
import Class.Circle;
import Class.Rectangle;
import Class.Triangle;
import java.util.Scanner;
public class test {
    public static void main (String [] args) {
    Scanner input = new Scanner (System.in);
    System.out.print (" 请输入圆的半径: ");
    double radius = input.nextDouble ();
    Circle circle = new Circle (null, radius);
    System.out.println (circle.toString () );
    System.out.print (" \n请输入矩形的宽: ");
    double width = input.nextDouble ();
    System.out.print (" 请输入矩形的高: ");
    double height = input.nextDouble ();
    Rectangle rectangle = new Rectangle (null, width, height);
    System.out.println (rectangle.toString () );
    System.out.print (" \n请输入三角形的第一条边 a: ");
    double a = input.nextDouble ();
    System.out.print (" 请输入三角形的第二条边 b: ");
```

```
            double b = input. nextDouble ( );
            System. out. print (" 请输入三角形的第三条边 c:" );
            double c = input. nextDouble ( );      double s = (a + b + c) /2;
            Triangle triangle = new Triangle (null, a, b, c, s);
            System. out. println (triangle. toString ( ) );
        }
    }
```

(3) 假定根据学生的三门学位课程的分数决定其是否可以拿到学位，对于本科生，如果三门课程的平均分数超过 60 分即表示通过，而对于研究生，则需要平均超过 80 分才能够通过。根据上述要求，请完成以下 Java 类的设计：

①设计一个基类 Student 描述学生的共同特征。

②设计一个描述本科生的类 Undergraduate，该类继承并扩展 Student 类。

③设计一个描述研究生的类 Graduate，该类继承并扩展 Student 类。

④设计一个测试类 StudentDemo，分别创建本科生和研究生这两个类的对象，并输出相关信息。

```
class Student {
    private String name;
    private int classA, classB, classC;
    public Student (String name, int classA, int classB, int classC) {
        this. name=name;
        this. classA=classA;
        this. classB=classB;
        this. classC=classC;
    }
    public String getName ( ) {
        return name;
    }
    public int getAverage ( ) {
        return (classA+classB+classC) /3;
    }
}
```

```
class UnderGraduate extends Student {
    public UnderGraduate (String name, int classA, int classB, int classC) {
        super (name, classA, classB, classC);
    }
    public void isPass () {
        if (getAverage () >=60)
            System.out.println (" 本科生" +getName () +" 的三科平均分为:" +
getAverage () +", 可以拿到学士学位。" );
        else
            System.out.println (" 本科生" +getName () +" 的三科平均分为:" +
getAverage () +", 不能拿到学士学位。" );
    }
}
class Graduate extends Student {
    public Graduate (String name, int classA, int classB, int classC) {
        super (name, classA, classB, classC);
    }
    public void isPass () {
        if (getAverage () >=80)
            System.out.println (" 研究生" +getName () +" 的三科平均分为:" +
getAverage () +", 可以拿到硕士学位。" );
        else
            System.out.println (" 研究生" +getName () +" 的三科平均分为:" +
getAverage () +", 不能拿到硕士学位。" );
    }
}
public class StudentDemo {
    public static void main (String [] args) {
        UnderGraduate s1=new UnderGraduate (" Tom", 55, 75, 81);
        Graduate s2=new Graduate (" Mary", 72, 81, 68);
        s1.isPass ();
        s2.isPass ();
```

```
        }
}
```

运行结果：

本科生 Tom 的三科平均分为：70，可以拿到学士学位。

研究生 Mary 的三科平均分为：73，不能拿到硕士学位。

（4）假定要为某个公司编写雇员工资支付程序，这个公司有各种类型的雇员（Employee），不同类型的雇员按不同的方式支付工资：

①经理（Manager）每月获得一份固定的工资。

②销售人员（Salesman）在基本工资的基础上每月还有销售提成。

③一般工人（Worker）则按他每月工作的天数计算工资。

根据上述要求试用类的继承和相关机制描述这些功能，并编写一个 Java Application 程序，演示这些类的用法。（提示：应设计一个雇员类（Employee）描述所有雇员的共图特性，这个类应该提供一个计算工资的抽象方法 ComputeSalary（），使得可以通过这个类计算所有雇员的工资。经理、销售人员和一般工人对应的类都应该继承这个类，并重新定义计算工资的方法，进而给出它的具体实现过程。）

```
abstract class Employee {
    private String name;
    public Employee (String name) {
        this.name=name;
    }
    public String getName () {
        return name;
    }
    public abstract double computeSalary ();

}
class Manager extends Employee {
    private double monthSalary;
    public Manager (String name, double monthSalary) {
```

```
        super (name);
        this.monthSalary=monthSalary;
    }
    public double computeSalary () {
        return monthSalary;
    }
}
class Salesman extends Employee {
    private double baseSalary;
    private double commision;
    private int qualtities;
    public Salesman (String name, double baseSalary, double commision, int qualtities) {
        super (name);
        this.baseSalary=baseSalary;
        this.commision=commision;
        this.qualtities=qualtities;
    }
    public double computeSalary () {
        return baseSalary+commision * qualtities;
    }
}
class Worker extends Employee {
    private double dailySalary;
    private int days;
    public Worker (String name, double dailySalary, int days) {
        super (name);
        this.dailySalary=dailySalary;
        this.days=days;
    }
    public double computeSalary () {
        return dailySalary * days;
```

```
        }
    }
    public class EmployeeDemo {
        public static void main (String args [] ) {
            Manager e1=new Manager (" 张三", 10000);
            Salesman e2=new Salesman (" 李四", 2000, 50.4, 63);
            Worker e3=new Worker (" 王五", 79.5, 28);
            System.out.println (" 经理" +e1.getName ( ) +" 的月工资为:" +e1.computeSalary ( ) );
            System.out.println (" 销售人员" +e2.getName ( ) +" 的月工资为:" +e2.computeSalary ( ) );
            System.out.println (" 工人" +e3.getName ( ) +" 的月工资为:" +e3.computeSalary ( ) );
        }
    }
```

运行结果：

经理张三的月工资为：10 000.0

销售人员李四的月工资为：5 175.2

工人王五的月工资为：2 226.0

课后习题

1. 填空题

（1）若子类和父类在同一个包中，则子类继承父类中的________、________和________成员，将其作为子类的成员，但不能继承父类的________成员。

（2）若子类和父类不在同一个包中，则子类继承了父类中的________和________成员，将其作为子类的成员，但不能继承父类的________和________成员。

（3）________直接赋值给________时，子类对象可自动转换为父类对象，________赋值给________时，必须将父类对象强制转换为子类对象。

（4）Java 的多态性主要表现在________、________和________三个方面。

（5）重写后的方法不能比被重写的方法有________的访问权限，重写后的方法不能比被重写的方法产生更多的异常。

（6）Java 语言中，定义子类时，使用关键字________来给出父类名。如果没有指出父类，则该类的默认父类为________。

（7）Java 语言中，重载方法的选择是在编译时进行的，系统根据________、________和参数顺序寻找匹配方法。

2. 选择题

（1）下面关于类的继承性的描述中，错误的是（　　）。

A. 继承是在已有的基础上生成新类的一种方法

B. Java 语言要求一个子类只有一个父类

C. 父类中成员的访问权限在子类中将被改变

D. 子类继承父类的所有成员，但不包括私有的成员方法

（2）在成员方法的访问控制修饰符中，规定访问权限包含该类自身，同包的其他类和其他包的该类子类的修饰符是（　　）。

A. 默认　　B. protected　　C. private　　D. public

（3）在类的修饰符中，规定只能被同一包类所使用的修饰符是（　　）。

A. public　　B. 默认　　C. final　　D. abstract

（4）下列关于子类继承父类的成员描述中，错误的是（　　）。

A. 当子类中出现成员方法头与父类方法头相同的方法时，子类成员方法覆盖父类中的成员方法

B. 方法重载是编译时处理的，而方法覆盖是在运行时处理的

C. 子类中继承父类中的所有成员都可以访问

D. 子类中定义有与父类同名变量时，在子类继承父类的操作中，使用继承父类的变量；子类执行自己的操作中，使用自己定义的变量

（5）定义一个类名为“MyClass. java”的类，并且该类可被一个工程中的所有类访问，则下面声明中正确的是（　　）。

A. public class MyClass extends Object　　B. public class MyClass

C. private class MyClass extends Object　　D. class MyClass extends Object

（6）下列关于继承性的描述中，错误的是（　　）。

A. 一个类可以同时生成多个子类

B. 子类继承了父类中除私有的成员以外的其他成员

C. Java 支持单重继承和多重继承

D. Java 通过接口可使子类使用多个父类的成员

（7）下列关于抽象类的描述中，错误的是（　　）。

A. 抽象类是用修饰符 abstract 说明的　　B. 抽象类是不可以定义对象的

C. 抽象类是不可以有构造方法的　　D. 抽象类通常要有它的子类

（8）设有如下类的定义：

```
public class parent {
int change () {}
}
class Child extends Parent { }
```

则，下面方法可加入 Child 类中的是（　　）。

A. public int change () { }　　B. int chang (int i) { }

C. private int change () { }　　D. abstract int chang () { }

（9）下列关于构造方法的叙述中，错误的是（　　）。

A. 构造方法名与类名必须相同

B. 构造方法没有返回值，且不用 void 声明

C. 构造方法只能通过 new 自动调用

D. 构造方法不可以重载，但可以继承

（10）下面的叙述中，错误的是（　　）。

A. 子类继承父类　　B. 子类能替代父类

C. 父类包含子类　　D. 父类不能替代子类

（11）下列对多态性的描述中，错误的是（　　）。

A. Java 语言允许方法重载与方法覆盖

B. Java 语言允许运算符重载

C. Java 语言允许变量覆盖

D. 多态性提高了程序的抽象性和简洁性

第7章　抽象和接口

知识必备

1. 抽象类和抽象方法

（1）所谓抽象类就是只声明方法的存在而不去具体实现它的类。抽象类不能被实例化，也就是不能创建其对象。在定义抽象类时，要在关键字class前面加上关键字abstract。抽象方法只有方法名、参数表和返回值，没有方法体，方法声明前用关键词abstract修饰，不能被执行。

（2）语法格式为：

```
abstract class 类名 {
    类体
}
```

2. 抽象类和抽象方法的规则

（1）抽象类必须使用abstract修饰符来修饰，抽象方法必须使用abstract修饰符来修饰。

（2）抽象类不能被实例化，无法使用new关键字来调用抽象类的构造器创建抽象类的实例，即使抽象类里不包含抽象方法，这个抽象类也不能创建实例。

（3）抽象类可以包含属性、方法（普通方法和抽象方法）、构造器、初始化块、内部类、枚举类。抽象类的构造器不能用于创建实例，主要是用于被其子类调用。

（4）含有抽象方法的类（包括直接定义了一个抽象方法；继承了一个抽象父类，但没有完全实现父类包含的抽象方法；以及实现了一个接口，但没有完全实现接口包含的抽象方法三种情况）只能被定义成抽象类。

3. 抽象类的作用

（1）抽象类不能被创建实例，只能被继承。从语义角度上看，抽象类是从多个具体类中抽象出来的父类，它具有更高层次的抽象。从多个具有相同特征的类中抽象出一个抽象类，以这个抽象类为模板，从而避免子类的随意设计。

（2）抽象类体现的就是这种模板模式的设计，抽象类作为多个子类的模板，子类在抽象类的基础上进行扩展，但是子类大致保留抽象类的行为。

4. final 类与方法

（1）final 类。

①使用关键字 final 修饰的类称为 final 类，该类不能被继承，即不能有子类。有时为了程序的安全性，可以将一些重要的类声明为 final 类。例如，Java 语言提供的 System 类和 String 类都是 Final 类。

② 语法格式为：

```
final class 类名 {
      类体
}
```

（2）final 方法。

使用 final 修饰符修饰的方法是不可以被重写的。如果想要不允许子类重写父类的某个方法，可以使用 final 修饰符修饰该方法。

5. 接口

与抽象类一样都是定义多个类的共同属性，使抽象的概念更深入了一层，是一个“纯”抽象类，它只提供一种形式，并不提供实现，允许创建者规定方法的基本形式：方法名、参数列表以及返回类型，但不规定方法主体，也可以包含基本数据类型的数据成员，但它们都默认为 static 和 final。

（1）接口的作用。

接口是面向对象的一个重要机制，实现多继承，同时免除 C++中的多继承那样的复杂性，建立类和类之间的“协议”，把类根据其实现的功能来分别代表，而不必顾虑它所在的类继承层次；这样可以最大限度地利用动态绑定，隐藏实现细节，实现不同类之间的常量共享。

（2）接口声明格式。

```
[接口修饰符] interface 接口名称 [extends 父接口名] {
…//方法的原型声明或静态常量
}
```

接口的数据成员一定要赋初值，且此值将不能再更改，允许省略 final 关键字。

接口中的方法必须是“抽象方法”，不能有方法体，允许省略 public 及 abstract 关键字。

（3）有关接口的实现，要注意以下问题。

①一个类可以实现多个接口，接口间用逗号分隔；

②如果实现某接口的类不是抽象类，则该类必须实现指定接口的所有抽象方法；

③接口的抽象方法的访问限制符默认为 public，在实现时要在方法头中显式地加上 public 修饰。

（4）实现接口。

① 接口不能用 new 运算符直接产生对象，必须利用其特性设计新的类，再用新类来创建对象。

②利用接口设计类的过程，称为接口的实现，使用 implements 关键字。

③语法如下

```
public class 类名称 implements 接口名称 {
        /* Bodies for the interface methods */
        /* Own data and methods. */
}
```

④必须实现接口中的所有方法，来自接口的方法必须声明成 public。

（5）接口的继承。

①一个接口不能继承一个抽象类，但是却可以通过 extends 关键字同时继承多个接口，实现接口的多继承。

②格式：

```
interface 子接口 extends 父接口 A，父接口 B，… {          }
```

（6）抽象类和接口不能实例化。

抽象类和接口内部有抽象方法，抽象方法是没有实现的方法，无法调用。通过对象的多态性可以发现，子类发生了向上转型之后，所有的全部的方法都是被复写过的方法。

引导实训

【实训 7-1】抽象类的定义与使用

【实训目的】

了解继承抽象类的子类要覆盖父类定义的抽象方法。

【实训内容】

（1）定义和继承抽象类。

```
abstract ca Shape {
    abstract plic double area ();
}
public class test extends Shapes {
```

```
    public static void main (String args [ ] ) {
        test x=new test ( );
        System. out . println (x. area ( ) );
    ]
```

编译程序，分析错误原因。

（2）在 test 类中编写 a. area（）方法，覆盖由其父类继承的抽象方法。

```
public double area ( ) {
    return 100;
}
```

重新编译运行程序，观察输出结果。

【思考】抽象类中可以定义具体方法吗？抽象类定义的具体方法在子类中一定要重新定义吗？

【实训 7-2】接口的定义与使用

【实训目的】

理解一个类实现接口要在类的重写接口中定义的行为方法，以及通过接口类型的引用变量可引用实现接口的对象。

【实训内容】

（1）定义和实现接口。

```
interface Listener {
    void action ( );
}
    public class test  implements Listener {
    public static void main (String [ ] args) {
        new test ( );
    }
}
```

编译程序指示什么错误，写出原因。

（2）在 test 类中增加如下方法：

```
public void action ( ) {
    System. out. println ( "stand up" );
}
```

```
public static void main (String [] args) {
    test x=new test ();
    x. action ();
}
```

编译并执行程序，分析为什么要在 action 方法头增加 public 修饰。

（3）再增加一个类 test2 实现 Listener 接口：

```
public class   test2   implements Listener {
    public void action () {
        System. out. println ( "sit down" );
    }
}
```

并修改 test 类的 main（）方法：

```
public static void main (String [] args) {
    Listener x [] = {new test [], new test2 ()};
    x [0] . action ();
    x [1] . action ();
}
```

调试程序，观察通过接口引用变量访问对象方法的动态多态行为。

（4）在方法参数中使用接口类型。

给 test 类增加一个方法 add，设计如下：

```
public void add (Listener a) {
    a. action ();
}
```

main 方法改动如下：

```
public static void main (String [] args) {
    test x=new test ();
    x. add (x);
    x. add (new test2 () );
}
```

观察输出结果，分析其内存关系。

【实训 7-3】 内嵌类与接口的使用

【实训目的】

掌握内嵌类和接口的使用。

【实训内容】

（1）定义内嵌类。

```
interface canPlay {    //定义接口
    void play ();
}
public class  Game {
    String name;
    public Game (String game_ name) {
        name=game_ name;
    }
    public void begin () {
        new Desk ();    //创建内嵌对象
    }
    class Desk implements canPlay {   //内嵌类
        public void play () {
            System. out. println (" 正在玩.. " +name);    //访问外部成员
        }
    }
    public static void main (String [ ] args) {
        Game x=new Game (" Chess" );
        x. begin ();
        Game y=new Game (" Poker" );
        y. begin ();

    }
}
```

观察输出结果，分析其内在关系。

（2）在内嵌类中增加一个属性 name，并给内嵌类增加如下构造方法。

```
public Desk (String desk_ name) {
```

```
    name = desk_ name;
}
```

则程序中 begin 方法及创建对象的方法要提供参数，修改如下：

```
public void begin (String name) {
    new Desk (name);        //创建内嵌类对象
}
```

这样在 main，方法中调用 begin 方法也要给出实际参数，提供游戏的桌名（name）。

【思考】

（1）设计在内嵌类的 play 方法中如何将桌名和游戏名输出？

（2）在内嵌类中如何使用 this 访问自己和外部的同名属性 a。

【实训 7-4】 综合案例

【实训目的】

（1）掌握抽象类的使用。

（2）掌握接口的使用。

【实训内容】

使用面向对象的方法设计了一个应用程序，用来描述人类（Human）、学生类（Student）、研究生类（Graduate）、教师类（Teacher）和在职研究生教师类的主要职责。最后通过一个主类，将上述的几个类和接口组织起来，完成了最终的功能。程序运行结果如图 7-1 所示。

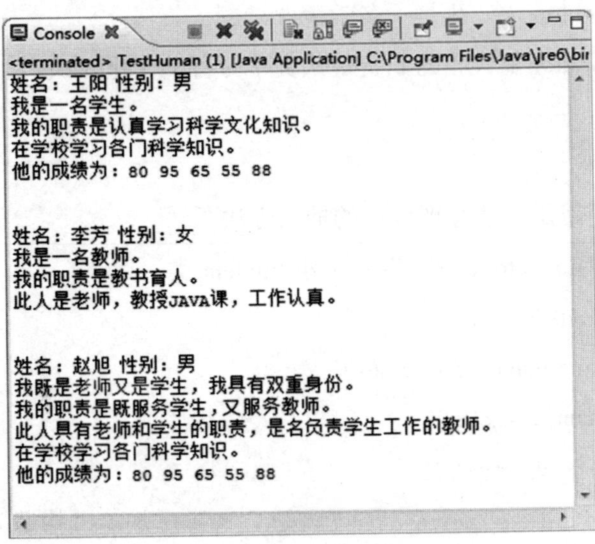

图 7-1

（1）定义一个接口 Human（人）。

```
interface Human {
    abstract void intro ();    //人类有自我介绍的行为
}
```

【注意】接口中只能包含常量和抽象方法。

（2）定义一个子接口 Teacher 继承接口 Human。

```
interface Teacher extends Human {
    void work ();        //工作
}
```

【注意】接口可以继承，而且可以实现多继承。

（3）定义一个抽象类 Student（学生）实现接口 Human。

```
abstract class Student implements Human {
    String name;
    String sex;
    Student (String name, String sex) {
    this.name=name;
    this.sex=sex;
}
abstract void study ();
public void intro () {
    System.out.println (" 我是一名学生。" );
    System.out.println (" 我的职责是认真学习科学文化知识。" );
}
}
```

【注意】抽象类不需要全部实现接口的抽象方法。

（4）定义一个类 Graduate（研究生）继承 Student 类。

```
class Graduate extends Student {
    Graduate (String name, String sex) {
        super (name, sex);
    }
    void study () {
        System.out.println (" 在学校学习各门科学知识。" );
```

```
        int score [] = {80, 95, 65, 55, 88};
        System.out.print (" 他的成绩为:" );
        for (int i=0; i<score.length; i++)
            System.out.print (score [i] +" " );
            System.out.println ();
    }
}
```

【注意】子类继承抽象类时需要全部现实抽象方法，否则子类必须要用abstract修饰。

(5) 定义一个类TeacherOn（在工作的教师）实现接口Human，Teacher。

```
class TeacherOn implements Human, Teacher {
    String name, sex;
    TeacherOn (String name, String sex) {
        this.name=name;
        this.sex=sex;
            }
    public void intro () {
        System.out.println (" 我是一名教师。" );
        System.out.println (" 我的职责是教书育人。" );
    }
    public void work () {
        System.out.println (" 此人是老师，教授JAVA课，工作认真。" );
    }
}
```

【注意】子类继实现接口时需要全部现实抽象方法，否则子类必须要用abstract修饰。

(6) 定义一个类Teacher_ Graduate（在职研究生教师）。

```
class Teacher_ Graduate extends Graduate implements Teacher {
    Teacher_ Graduate (String name, String sex) {
        super (name, sex);
    }
    public void intro () {
        System.out.println (" 我既是老师又是学生，我具有双重身份。" );
        System.out.println (" 我的职责是既服务学生，又服务教师。" );
```

```
    }
    public void work () {
        System. out. println (" 此人具有老师和学生的职责，是名负责学生工作的教师。" );
    }
}
```

【注意】一个类继可以继承父类也可以同时实现多个接口。

（7）定义一个主类，将上述的几个类和接口组织起来，完成功能测试。

```
public class TestHuman{
    public static void main (String args [] ) {
        Graduate stud=new Graduate (" 王阳"," 男" );
        System. out. println (" 姓名:" +stud. name+"     性别:" +stud. sex);
        stud. intro ();
        stud. study ();
        System. out. println ();
        System. out. println ();
        TeacherOn teach=new TeacherOn (" 李芳"," 女" );
        System. out. println (" 姓名:" +teach. name+"     性别:" +teach. sex);
        teach. intro ();
        teach. work ();
        System. out. println ();
        System. out. println ();
        Teacher_ Graduate teach_ stud=new Teacher_ Graduate (" 赵旭"," 男" );
        System. out. println (" 姓名:" +teach_ stud. name+"     性别:" +teach_ stud. sex);
        teach_ stud. intro ();
        teach_ stud. work ();
        teach_ stud. study ();

    }
}
```

拓展练习

(1) 分析以下程序的类继承关系，将以下程序补充完整。

```
import java. text. * ;
public class exercise1 {
    public static void main (String [ ] args){
        Person p = new Student (" 王甜甜"," 计算机网络");
        System. out. println (p. getName ( ) +"," + p. getDescription ( ) );
    }
}

abstract class Person {
    private String name;
    public Person (String n) {
        name = n;
    }
    public  ________  String getDescription ( );
    public  String getName ( ) {
        return name;
    }
}
class  Student  ________  Person {
    private String major;
    public Student (String n, String m) {
        super (n);
        major = m;
    }
    public String ________ ( ) {
        return" 学生专业是:" + major;
    }
}
```

（2）学习掌握抽象类的概念和使用方法。程序要求：

①首先创建一个类家族，其中抽象类几何图形类 GeometricObject 为父类，圆类 Circle 和矩形类 Rectangle 为子类。几何图形类 GeometricObject 中定义保护型字符串变量 color，表示图形的颜色；该类要具备构造方法和两个抽象方法 findArea 和 findPerimeter，抽象方法 findArea 求图形面积，抽象方法 findPerimeter 求图形周长。

②Circle 类和 Rectangle 类是 GeometricObject 类的子类，其中应实现父类的抽象方法。

③程序主方法中创建两个几何对象：一个圆和一个矩形，并用 GeometricObject 类的引用变量引用它们，调用抽象方法。

参考代码：

```
abstract class GeometricObject {
    protected String color;
    protected double weight;
    protected GeometricObject (String color, double weight) {
        this. color = color;
        this. weight = weight;
    }
    public abstract double findArea ( );
    public abstract double findPerimeter ( );
}
class Circle extends GeometricObject {
    protected double radius;
    public Circle (double radius) {
        super (" white", 1.0);
        this. radius = radius;
    }
    public double findArea ( )     {
        return radius * radius * Math. PI;
    }
    public double findPerimeter ( )     {
        return 2 * radius * Math. PI;
    }
}
```

```
class Rectangle extends GeometricObject {
    protected double width;
    protected double height;
    public Rectangle (double width, double height) {
        super (" white", 1.0);
        this.width = width;
        this.height = height;
    }
    public double findArea () {
        return width * height;
    }
    public double findPerimeter () {
        return 2 * (width + height);
    }
}
public class TestAb {
    public static void main (String [ ] args) {
        GeometricObject a1 = new Circle (5);
        GeometricObject a2= new Rectangle (5, 3);
        test (a1);
        test (a2);
    }
    public static void test (GeometricObject a) {
        System.out.println (a.findArea ( ) );
    }
}
```

（3）学习接口的概念和利用接口实现多态的方法。程序要求如下：

①首先创建圆类 Circle 和圆柱体类 Cylinder，其中 Circle 类是父类，Cylinder 类是子类。

②创建接口 Comparable，其中包含一个抽象方法 compareTo，用来比较对象的大小。抽象方法 compareTo 的形式如下：

public int compareTo (Object o);

③创建类 ComparableCircle，该类为 Circle 类的子类，并实现 Comparable 接口。

④创建类 ComparableCylinder，该类为 Cylinder 类的子类，并实现 Comparable 接口。

⑤创建通用类 Max，其中包含通用方法 max，只要类实现了 Comparable 接口，就可以使用 max 方法返回两个对象中较大的一个。Max 方法的方法名称为：

public static Comparable max (Comparable o1, Comparable o2)

⑥程序的主方法中分别创建两个 ComparableCircle 类对象和两个 ComparableCylinder 类对象，并分别以它们为参数调用 max 方法，返回两个对象中面积较大的一个。

参考代码：

```
//Circle 类的实现
class Circle {
    protected double radius;
    public Circle () {
        radius=1.0;
    }
    public Circle (double r) {
        radius=r;
    }
    double getRadius () {
        return radius;
    }
    public double findArea () {
        return radius * radius * Math.PI;
    }
}
// Cylinder 类的实现
class Cylinder extends Circle {
    private double length;
    public Cylinder () {
        super ();
        length = 1.0;
    }
```

```
    public Cylinder (double r, double l) {
        super (r);
        length = l;
    }

    public double findArea () {
        return 2 * super. findArea () + (2 * getRadius () * Math. PI) * length;
    }
    public double findVolume () {
        return super. findArea () * length;
    }
}
// ComparableCircle 类的实现
class ComparableCircle extends Circle implements Comparable {
    public ComparableCircle (double r) {
        super (r);
    }
    public int compareTo (Object o) {
        if (findArea () > ((Circle) o) . findArea () )
            return 1;
        else if (findArea () < ((Circle) o) . findArea () )
            return -1;
        else
            return 0;
    }
}
// ComparableCylinder 类的实现
class ComparableCylinder extends Cylinder implements Comparable {
    ComparableCylinder (double r, double l) {
        super (r, l);
    }
    public int compareTo (Object o) {
```

```
        if (findVolume () > ( (Cylinder) o) . findVolume () )
            return 1;
        else if (findVolume () < ( (Cylinder) o) . findVolume () )
            return -1;
        else
            return 0;
    }
}
//Max 类实现
class Max {
    public static Comparable max (Comparable o1, Comparable o2) {
        if (o1. compareTo (o2) > 0)
            return o1;
        else
            return o2;
    }
}
//主函数类的实现
public class TestInterface {
    public static void main (String [ ] args) {
        ComparableCircle circle1 = new ComparableCircle (5);
        ComparableCircle circle2 = new ComparableCircle (4);
        Comparable circle = Max. max (circle1, circle2);
         System. out. println (" 最大圆半径为:" + ( (Circle) circle) . getRadius
() );

        ComparableCylinder cylinder1 = new ComparableCylinder (5, 2);
        ComparableCylinder cylinder2 = new ComparableCylinder (4, 5);
        Comparable cylinder = Max. max (cylinder1, cylinder2);
        System. out. println (" 最大圆柱体信息:"
                + ( (Cylinder) cylinder) . getRadius () + " 体积:"
                + ( (Cylinder) cylinder) . findVolume () );
    }
}
```

课后习题

1. 填空题

（1）实现接口中的抽象方法时，必须使用________的方法头，并且还要用________修饰符。

（2）接口中定义的数据成员均是________，所有成员方法均为________方法，且没有________方法。

（3）this 代表________的引用，super 表示的是当前对象的直接父类对象。

（4）如果一个类包含一个或多个 abstract 方法，则它是一个________类。

（5）Java 不直接支持多继承，但可以通过________实现多继承。类的继承具有________性。

（6）没有子类的类称为________，不能被子类重载的方法称为________，不能改变值的量称为常量，又称为________。

（7）一个接口可以通过关键字 extends 来继承________其他接口。

（8）接口中只能包含________类型的成员变量和________类型的成员方法。

2. 选择题

（1）下面关于接口的描述中，错误的是（　　）。

A. 一个类只允许继承一个接口

B. 定义接口使用的关键字是 interface

C. 在继承接口的类中通常要给出接口中定义的抽象方法的具体实现

D. 接口实际上是由常量和抽象方法构成的特殊类

（2）欲构造 ArrayList 类的一个实例，此类继承了 List 接口，下列方法中正确的是（　　）。

A. ArrayList myList=new Object（）;　　B. ArrayList myList=new List（）;

C. List myList=new ArrayList（）;　　D. List myList=new List（）;

（3）关于抽象类的说法中正确的是（　　）。

A. 抽象类中可以有非抽象方法

B. 如果父类是抽象类，则子类必须重写父类所有的抽象方法

C. 不能用抽象类去创建对象

D. 接口和抽象类是同一个概念

(4) 以下说法中正确的是 (　　)。

A. Java 语言中允许一个类实现多个接口

B. Java 语言中不允许一个类继承多个类

C. Java 语言中允许一个类同时继承一个类并实现一个接口

D. Java 语言中允许一个接口继承一个接口

第8章　异常处理

知识必备

1. 异常（exception）

java异常处理机制为程序员提供了一种解决运行时错误的方法。在java中，当程序遇到运行错误时，会产生并抛出一个异常，可以通过try-catch语句捕获这个异常，然后根据这个异常进行相应的处理。

2. 异常的层次结构

（1）java中的异常对象是以类的层次结构进行组织的，异常就是这些异常类的实例。

（2）java中所有的异常类都是Throwable类的子类。

（3）Throwable类有两个直接子类：一个是Exception类，是用户程序能够捕捉到的异常情况，通过产生它的子类来创建自己的异常。

（4）另一个是Error类，它描述的是系统内部错误，这样的错误一旦产生，程序一般就没有机会再进行捕获和处理了。

（5）除了java类库所定义的异常类之外，用户也可以通过继承已有的异常类来定义自已的异常类，并在程序中使用（利用throw产生，catch捕捉）。

3. 异常的相关处理

（1）异常的处理机制。

就像人们平时做事情对可能会遇到的意外情况预先想好一些处理的办法。也就是说，在程序执行代码的时候，万一发生了异常，程序会按照预定的处理方法对异常进行处理，异常处理完毕之后，程序继续运行。

（2）异常的处理方法。

java的异常处理是通过5个关键字来实现的：try、catch（捕获）、finally（不管程序是否有错误，都要执行的代码）、throw（方法体抛出）和throws（方法中）。

①try：当某段代码在运行时可能产生异常时，应该把这段代码放到try语句中。

②catch：在catch语句捕获异常。catch语句块的参数类似于方法的声明，包含一个异

常类型和一个异常对象。异常类型一般是 java. lang. Exception 类或者它的子类。

catch（异常类名　异常对象名）｛　捕获的异常的程序块｝

（3）finally：无论是否产生异常，finally 所指定的代码都要被执行。通常在 finally 语句块中可以进行资源的清除工作，如关闭数据库的连接，关闭、打开的文件等。

（4）throw：总是出现在方法体中，用来抛出一个异常。

（5）throws：总是出现在方法的声明中，用来表明该方法可能抛出的各种异常。

4. try-catch 语句块

java 是通过 try-catch 语句对异常进行捕获和处理的，具体的方法是将可能抛出异常的语句写在 try 语句中，一旦抛出异常就可以用 catch 语句进行捕获并处理。

说明：try-catch 程序块的执行流程以及执行结果是比较简单的，首先执行的是 try 语句块中的语句，这时可以会有以下 3 种情况：

（1）如果 try 语句块中所有语句正常执行完毕，那么 catch 块中的所有语句都将会被忽略。

（2）如果 try 语句块在执行过程中碰到异常，并且这个异常与 catch 中声明的异常类型相匹配，那么 try 语句块中剩下的代码都将被忽略，而相应的 catch 块将会被执行。

（3）如果 try 语句块在执行过程中碰到异常，而抛出的异常在 catch 中没有被声明，那么程序立刻中止。

异常类型与实际 try 语句中产生的异常类型不同，异常捕获失败。在这种情况下，“end of main”也没有输出，说明程序中断运行，也就是说 try-catch 语句没有起到任何作用。

5. 多异常的处理

（1）一段代码可能会引发多种类型的异常，可以在一个 try 语句块后面跟多个 catch 语句进行捕获，分别处理不同的异常。但排列顺序必须从特殊到一般、最后一个一般都是 Exception 类。

（2）运行时，系统从上到下分别对每个 catch 语句块处理的异常类型进行检测，并执行第一个与异常类型匹配的 catch 语句。执行其中的一条 catch 语句之后，其后的 catch 语句将被忽略。匹配是指 catch 所处理的异常类型与所生成的异常类型完全一致或是它的超类。

（3）如果程序所产生的异常和所有的 catch 处理的异常都不匹配，则这个异常将由 java 虚拟机捕获并处理，此时与不使用异常处理是一样的。

【注意】多个 catch 子句之间的顺序是很重要的，必须是从特殊到一般，最后一个一般都是 Exception 类。如果前面 catch 子句捕获的异常类是后面面异常类的父类，那么后面

catch 子句将永远不可到达，这样会导致编译错误。

6. finally 语句块

程序可能在无论异常是否发生或者是否被捕获的情况下都希望执行某些操作，这时可以通过异常处理的 finally 语句块来达到这一目的。即 try-catch 语句块后加入 finally 语句块，可以确保程序无论是否发生异常，finally 语句块中的代码总能被执行。

try-catch-finally 程序块的执行流程大致分为两种情况。

（1）如果 try 语句块中所有语句正常执行，那么 finally 块就会被执行。

（2）如果 try 语句块在执行过程中碰到异常，无论这种异常能否被 catch 语句块捕获到，都将执行 finally 语句块中的代码。

7. throws 子句与异常的声明

（1）java 语言中通过关键字 throws 声明某个方法可能抛出的各种异常。

（2）声明异常是指一个方法不处理它产生的异常，而是向上传递，谁调用这个方法，这个异常就由谁处理。也就是说，异常声明的作用是告诉这个方法的调用者，此方法中会有未处理的异常发生，需要进行异常处理，这样调用者就会做出相应的处理。

（3）java 中的异常一部分是系统预定义的，还有一部分是程序根据具体应用的需要自定义的。

（4）程序员自定义的异常，系统是无法自动抛出的，在 java 中使用 throw 关键字抛出异常。

（5）throw 语句格式为：

throw 异常对象；

（6）程序会在 throw 语句处立即终止，转向 try-catch 语句块寻找异常处理方法，不再执行 throw 后面的语句。

8. 自定义异常类

Java API 中预定义了丰富的异常类型，但不可能涵盖所有的程序中可能出现的异常情况，在具体的开发过程中，有时需要创建符合自己需要的异常。java 允许用户创建自己的异常类型。

引导实训

【实训 8-1】异常捕获处理

【实训目的】

理解什么是异常，异常处理机制的执行特点。

【实训内容】

(1) 设有一个数组存储一批英文单词, 从键盘输入一个数 n, 输出数组中元素序号为 n 的单词。

```
import javax. swing. * ;
public class Exceptiontest {
    public static void main (String [ ] args) {
        String word [ ] = {" good"," bad"," ok"," bye" };
        String s=JOptionPane. showInputDialog (" 请输入一个数:" );
        int n=Integer. parseInt (s);
        System. out. print (word [n] );
    }
}
```

运行该程序, 正常输入 0、1、2、3, 检查输出结果。

输入 4、5 或-1, 观察会产生什么异常, 为什么会产生这样的异常?

输入 a, 观察会产生异常, 为什么会产生这样的异常?

(2) 为了控制异常的报错处理, 利用 try…catch 进行异常处理。

```
public static void main (String [ ] args) {
    try {
        String word [ ] = {" good"," bad"," ok"," bye" };
        String s=JOptionPane. showInputDialog (" 请输入一个数:" );
        int n=Integer. parseInt (s);
        System. out. print (word [n] );
    } catch (NumberFormatException e) {
        System. out. println (" 要求输入整数" );
    } catch (ArrayIndexOutOfBoundsException e){
        System. out. println (" 数组访问出界" );
    }
}
```

调试程序, 理解异常处理的作用。

(3) 将以上两个 catch 部分内容删除, 改用一个 catch, 其中, 捕获的异常为 Exception 类, 观察程序的运行变化。

```
catch (Exception e) {
```

```
    System. out. println (" 出现异常" );
}
```

体会异常层次的继承关系。

(4) 在程序的异常处理代码中加入 finally 部分，检查其代码在什么情况下将执行。

```
finally {
    System. out. println (" 执行了 finally 块");
}
```

正常情形和异常情形均会执行 finany 块的内容吗?

(5) 异常排序问题。将前面的 3 个 catch 均包含在程序中，如何排序? 是否能将第 3 条的 catch 放在首位? 为什么?

【实训 8-2】 自定义异常的定义与抛出

【实训目的】

理解自定义异常定义与抛出方式、捕获处理。

【实训内容】

(1) 自己定义一个异常并抛出。

```
public class MyException extends Exception {      //定义异常
    public String toString () {      //异常的描述方法
        return "异常啦";
    }
    public static void main (String [ ] args) {
        throw new MyException ();      //抛出异常
    }
}
```

观察编译是否可通过，分析错误。

(2) 增加 try…catch 代码。

```
public static void main (String [ ] args) {
    try {
        throw new MyException ();    //抛出异常
    }
    catch (MyException e) {
        System. out. println (e);
```

```
    }
}
```

编译通过后，执行代码，观察结果。总结如何抛出和捕获自定义异常。

(3) 在方法头声明方法可能产生异常。

将上面 main 方法的 try…catch 删去，在方法头中增加 throws 子句。

```
public static void main (String [ ] args)    throws Myexception {
    throw new MyException ();    //抛出异常
}
```

观察程序能否通过编译，运行结果有何变化？分析并总结如何给方法声明异常。

(4) 对声明异常的方法调用。

将产生异常的代码安排到一个自定义方法中，在 main 方法中调用该方法。

```
public static void main (String [ ] args) {
    method ();
}
public static void method () throws MyException {
    throw new MyException ();        //抛出异常
}
```

观察编译的错误指示，给 method 调用增加，try…catch 代码。

```
public static void main (String [ ] args) {
    try {
        method ();
        System. out. println (" 这里执行不到" );
    } catch (MyException e) {
        // TODO Auto-generated catch block
        System. out. println (e);
    }
    System. out. println (" 这里要执行" );
}
```

执行代码，分析并总结异常发生的处理流程，了解异常将如何改变程序的执行流程。

【实训 8-3】综合案例

【实训目的】

了解自定义异常的具体应用。

【实训内容】

求三角形面积，要求不能构成三角的情形以自定义异常抛出。

```
class NotTriangleException extends Exception {
    public String toString () {
        return " 不能构成三角形";
    }
}

public class Triangle {
    double a, b, c;
    public Triangle (double a, double b, double c) throws NotTriangleException {
        if (a+b>c && b+c>a && c+a>b) {
            this.a=a;
            this.b=b;
            this.c=c;
        }
        else
            throw new NotTriangleException ();
    }
    public double area () {
        double p= (a+b+c) /2;
        return (Math.sqrt (p * (p-a) * (p-b) * (p-c) ) );
    }
    public static void main (String [ ] args) {
        try {
            Triangle x=new Triangle (1, 8, 10);
            System.out.println (x.area () );
        } catch (NotTriangleException e) {
            System.out.println (e);
```

```
            }
        }
    }
```

调试程序，分析各方关系，给出一个能构成三角形的案例进行调试。

拓展练习

（1）根据程序的功能要求将以下程序补充完整并进行调试。

//程序的功能是：判断用户以命令方式从键盘输入的带路径类名（如 java excersise1 java. sql. Driver）是否在 Java 类库中。

```
public class exercise1 {
    public static void main (String [ ] args) {
        String className;
        if (args. length>0)
            className = args [0];
        else
            className= " java. lang. Name" ;
        ________
         {
            Class c=Class. forName (________);
            System. out. println (className+" 是 Java 类库中已有的类。" );

        }
        catch (ClassNotFound ________ e) {
            System. out. println (className+" 不在 Java 类库中。" );
        }
    }
}
```

程序运行结果如图 8-1 所示：

```
D:\CloudSoftWare\workspace1\JavaWeb1\src>javac exercise1.java

D:\CloudSoftWare\workspace1\JavaWeb1\src>java exercise1 java.sql.Driver
java.sql.Driver是Java类库中已有的类。
```

图 8-1

（2）编写一个类，在其 main（）方法中创建一个一维数组，在 try 字句中访问数组元素，使其产生 ArrayIndexOutOfBoundsException 异常。在 catch 子句里捕获此异常对象，并且打印“数组越界”信息，加一个 finally 子句，打印一条信息以证明这里确实得到了执行。

```
class ExceptionDemo {
    public static void main (String [ ] args) {
        int [ ] arr = new int [ ] {13, 24, 1, 53, 24};
        try {
            int num = arr [5];
        } atch (ArrayIndexOutOfBoundsException e) {
            System. out. println (" 数组越界啦!!!");
        } finally {
            System. out. println (" 此处代码一定会执行的--finally");
        }
    }
}
```

（3）编写一个类实现银行账户的概念，包括的属性有“账号”“储户姓名”“地址”“存款余额”“最小余额”“利率”“存款日期”，包括的方法有“存款”“取款”“查询”“计算利息”“累加利息”等。并创建“取款数目超过余额”这个异常，并在取款方法中抛出并处理这个异常。

【参考程序】

```
public class bank {
    int ID;
    String name;
    String address;
    double balance;
    double min_ balance;
    double rate;
    double interest;
    public int getID () {//获取账户
        return ID;
```

```
}
public void setID (int iD) {//设置账户
    ID = iD;
}
public String getName () {//获取储户名
    return name;
}
public void setName (String name) {//设置储户名
    this. name = name;
}
public String getAddress () {//获取储户地址
    return address;
}
public void setAddress (String address) {//设置储户地址
    this. address = address;
}
public double getBalance () {//获取余额
    return balance;
}
public void setBalance (double balance) {//设置余额
    this. balance = balance;
}
public double getMin_ balance () {//获取最小余额
    return min_ balance;
}
public void setMin_ balance (double minBalance) {
//设置最小余额
    min_ balance = minBalance;
}
public double getRate () {//获取利率
    return rate;
}
```

```
public void setRate (double rate) {//设置利率
    this. rate = rate;
}
public void savingMoney (double money) {//存款
    this. balance=this. balance+money;
}
public void drawMoney (double money) throws MyException {
//取款，发现异常时抛出异常并处理
    if (money>this. balance)            {
            throw (new MyException () );
    }
    else
        this. balance=this. balance-money;
}
public double Interest (double interest) {
//计算利息
    interest=getRate () * getBalance ();
    this. interest=interest;
    return interest;
}
public double addInterest (double money) {
//累加利息
    money=this. balance+this. interest;
        return money;
}
public void check () {
    int id;
    String Name; String Add;
    double Balance; id=getID ();
    Name=getName ();
    Add=getAddress ();
    Balance=getBalance ();
```

```
        System. out. println (" 账号:" +id);
        System. out. println (" 姓名:" +Name);
        System. out. println (" 地址:" +Add);
        System. out. println (" 账户余额:" +Balance+" 元" );
        }
    }
    class MyException extends Exception {
        //自定义异常类
        String message;
        public MyException () {
        message=" 取款数目超过余额, 请重新输入取款金额!";
        //System. out. println (" 请重新输入取款金额!" );
            //Bank bank=new Bank ();
            //bank. drawMoney (100000. 0);
        }
        public String toString () {
            return message;
        }
    }
```

```
Bank_ check. java 文件
import  java. util. * ;
public class Bank_ check {
    public static void main (String [ ] args) {
        Bank b=new Bank ();
        b. setID (123456);
            b. setName (" laidazhang" );
            b. setAddress (" 长沙职业技术学院" );
        b. setBalance (100. 0);
        b. check ();
        System. out. println (" ----------存款操作: ------------=" );
        System. out. println (" 输入存款金额:" );
```

```
double x, y;
Scanner reader= new Scanner (System.in);
x=reader.nextDouble ();
System.out.println (" 存款后:" );
b.savingMoney (x);
b.check ();
System.out.println (" ------------取款操作: -----------=" );
System.out.println (" 输入取款金额:" );
Scanner reader1= new Scanner (System.in);
y=reader1.nextDouble ();
System.out.println (" 取款后:" );
try {
    b.drawMoney (y);
} catch (MyException e) //捕捉异常 {
    System.out.println (e.toString () );
    Scanner reader2= new Scanner (System.in);
    z=reader2.nextDouble ();
    try {
        b.drawMoney (z);
    } catch (MyException e1) {
        System.out.println (e.toString () );
    }
} finally {
    b.check ();
    b.setRate (0.05);
    double interest=0;
    System.out.println (" 利息是:" +b.Interest (interest) +" 元" );
    double money=0;
    System.out.println (" 本金加利息是:" +b.addInterest (money) +"
元" );
        }
    }
}
```

课后习题

1. 填空题

（1）捕获异常________语句后面通常跟有一个或多个 catch（）方法用来处理________块内生成的异常事件。

（2）________类所定义的异常是无法捕获的。

（3）IOException 异常是非运行时异常，必须在程序中________或捕获。

（4）当一个方法在运行过程中产生一个异常，则这个方法会________，但是整个程序不一定终止运行。

（5）JDK 中定义了大量的异常类，这些类都是________类的子类或者间接子类。

2. 选择题

（1）所有的异常类皆继承的类是（　　）。

A. java. lang. Throwable　　B. java. lang. Exception

C. java. lang. Error　　D. java. io. Exception

（2）可以抛出异常的关键字是（　　）。

A. transient　　B. throw　　C. finally　　D. catch

（3）对于已经被定义过可能抛出异常的语句，在编程时应该（　　）。

A. 必须使用 try/catch 语句处理异常，或用 throw 将其抛出

B. 如果程序错误，必须使用 try/catch 语句处理异常

C. 可以置之不理

D. 只能使用 try/catch 语句处理

（4）下面程序段的执行结果是（　　）。

```
public class Foo {
    public static void main (String [ ] args) {
        try {
            return;}
            finally {System. out. println (" Finally" );
        }
    }
}
```

A. 编译能通过，但运行时会出现一个例外

B. 程序正常运行，并输出 " Finally"

C. 程序正常运行，但不输出任何结果

D. 因为没有 catch 语句块，所以不能通过编译

(5) 下面是一些异常类的层次关系：

```
java.lang.Exception
    java.lang.RuntimeException
        java.lang.IndexOutOfBoundsException
            java.lang.ArrayIndexOutOfBoundsException
java.lang.StringIndexOutOfBoundsException
```

假设有一个方法 X，能够抛出两个异常，Array Index 和 String Index 异常，假定方法 X 中没有 try-catch 语句处理这些异常，下面答案中正确的是（　　）。

A. 方法 X 应该声明抛弃 ArrayIndexOutOfBoundsException 和 StringIndexOutOfBounds - Exception

B. 如果调用 X 的方法捕获 IndexOutOfBoundsException，则 ArrayIndexOutOfBounds- Exception 和 StringIndexOutOfBoundsException 都可以被捕获

C. 如果方法 X 声明抛弃 IndexOutOfBoundsException，则调用 X 的方法必须用 try-catch 语句捕获

D. 方法 X 不能声明抛弃异常

(6) 下面的方法是一个不完整的方法，其中的方法 unsafe ( ) 会抛出一个 IOException，那么在方法的①处应加入（　　）语句，才能使这个不完整的方法成为一个完整的方法。

```
①  ____________________
②  { if (unsafe ()) {//do something…}
③      else if (safe ()) {//do the other…}
④  }
```

A. public IOException methodName ( )

B. public void methodName ( ) throw IOException

C. public void methodName ( )

D. public void methodName ( ) throws IOException

E. public void methodName ( ) throws Exception

(7) 如果下列的方法能够正常运行，在控制台上将显示（　　）。

```
public void example () {
    try {
```

```
            unsafe ( ) ;
            System. out. println ( " Test1" ) ;
            }
        catch (SafeException e)
            {System. out. println ( " Test 2" ) ;}
        finally {System. out. println ( " Test 3" ) ;}
        System. out. println ( " Test 4" ) ;
    }
```

A. Test 1　　B. Test 2　　C. Test 3　　D. Test 4

第9章　输入输出

知识必备

1. IO 流

在 Java 中，将通过不同输入/输出设备（键盘、内存、显示器、网络等）之间的数据传输抽象表述为“流”。Java 中的“流”都位于 java. io 包中，称为 IO（输入/输出）流，按照操作数据的不同，可以分为字节流和字符流；按照数据传输方向的不同又可分为输入流和输出流。程序从输入流中读取数据，向输出流中写入数据。

2. IO 流分类

（1）字节流分别用 java. io. InputStream 和 java. io. OutputStream 表示。

（2）字符流的输入输出流分别用 java. io. Reader 和 java. io. Writer 表示。

3. 字节流

（1）在计算机中，无论是文本、图片、音频还是视频，所有的文件都是以二进制（字节）形式存在，IO 流中针对字节的输入输出提供了一系列的流，统称为字节流。

（2）在 JDK 中，提供了两个抽象类 InputStream 和 OutputStream，它们是字节流的顶级父类，所有的字节输入流继承自 InputStream，所有的字节输出流都继承自 OutputStream。

（3）在 JDK 中，InputStream 提供了一系列与读数据相关的方法。在 JDK 中，OutputStream 提供了一系列与写数据相关的方法。

（4）字节流读写文件。

①由于计算机中的数据基本都保存在硬盘的文件中，因此操作文件中的数据是一种很常见的操作。在操作文件时，最常见的就是从文件中读取数据并将数据写入文件。

②针对文件的读写，JDK 专门提供了两个类，分别是 FileInputStream 和 FileOutputStream，其中 FileInputStream 是 InputStream 的子类，它是操作文件的字节输入流，专门用于读取文件中的数据。

③与 FileInputStream 对应的是 FileOutputStream。FileOutputStream 是 OutputStream 的子类，它是操作文件的字节输出流，专门用于把数据写入文件。

④FileInputStream 类是 InputStream 类的子类。它实现了文件的读取，是文件字节输入流。该类适用于比较简单的文件读取，该类的所有方法都是从 InputStream 类继承并重写的。创建文件字节输入流常用的构造方法有两种：

FileInputStream（String filePath）

FileInputStream（File file）

filePath：文件的绝对路径或相对路径。

⑤FileOutputStream 类是 OutputStream 类的子类。它实现了文件的写入，能够以字节形式写入文件中，该类的所有方法都是从 OutputStream 类继承并重写的。创建文件字节输出流常用的构造方法有两种：

FileOutputStream（String filePath）

FileOutputStream（File file）

⑥需要注意的是，如果是通过 FileOutputStream 向一个已经存在的文件中写入数据，那么该文件中的数据首先会被清空，再写入新的数据。

⑦若希望在已存在的文件内容之后追加新内容，则可使 FileOutputStream 的构造函数 FileOutputStream（String fileName，boolean append）来创建文件输出流对象，并把 append 参数的值设置为 true。

4. 字符流

（1）字符流定义及基本用法。

①针对程序中字符的操作，JDK 提供了字符流。同字节流一样，字符流也有两个抽象的顶级父类，分别是 Reader 和 Writer。

②Reader 是字符输入流，用于从某个源设备读取字符。

③Writer 是字符输出流，用于向某个目标设备写入字符。

（2）字符流操作文件。

①在程序开发中，经常需要对文本文件的内容进行读取，如果想从文件中直接读取字符便可以使用字符输入流 FileReader，通过此流可以从关联的文件中读取一个或一组字符。

②如果要向文件中写入字符就需要使用 FileWriter 类。FileWriter 是 Writer 的一个子类，专门用于将字符写入文件。

③字符流提供了两个包装流，分别是 BufferedReader 和 BufferedWriter。

BufferedReader 用于对字符输入流进行包装，BufferedWriter 用于对字符输出流进行包装。BufferedReader 类中提供了一个 ReaderLine（）方法，Reader 类中没有此方法，该方法能够读取文本行。BufferedWriter 类提供了一个 newLine（）方法，Writer 类中没有此方法，该方法是换行标记。

④LineNumberReader：Java 程序在编译或运行期间经常会出现一些错误，在错误中通常会报告出错的行号，为了方便查找错误，经常需要在代码中跟踪行号。JDK 中提供了一个可以跟踪行号的输入流——LineNumberReader，它是 BufferedReader 的直接子类，可以实现在拷贝一个文件时为文件加上行号。

⑤转换流：也是一种包装流，其中 OutputStreamWriter 是 Writer 的子类，可以将一个字节流输出流包装成字符输出流，方便直接写入字符，而 InputStreamReader 是 Reader 的子类，它可以将一个字节输入流包装成字符输入流，方便直接读取字符。

5. 其他 IO 流

（1）ObjectInputStream 和 ObjectOutputStream。

如果希望将对象转为字节数据永久写入硬盘上，即对象序列化，可以使用 ObjectOutputStream（对象输出流）来实现。当对象进行序列化时，必须保证该对象实现 Serializable 接口，否则程序会出现 NotSerializableException 异常。

（2）标准输入输出流。

在 System 类中定义了三个常量：in、out 和 err，它们被习惯性地称为标准输入输出流。

①in 为 InputStream 类型，它是标准输入流，默认情况下用于读取键盘输入的数据。

②out 为 PrintStream 类型，它是标准输出流，默认将数据输出到命令行窗口。

③err 也是 PrintStream 类型，它是标准错误流，它和 out 一样也是将数据输出到控制台，它输出的是应用程序运行时的错误信息。

应用程序通过标准输入输出流可以读取键盘输入的数据，以及将数据输出到命令行窗口，接下来使用标准输入输出流实现读取一行数据后再进行打印的功能。

引导实训

【实训 9-1】 面向字节的输入/输出流

【实训目的】

掌握面向字节的输入/输出流进行文件读写的方法。

【实训内容】

编写一个程序实现任意文件的复制功能，源文件和目的文件名由命令行参数提供。

【参考程序】

```
import java. io. * ;
public class CopyFile {
```

```
    public static void main (String [ ] args) {
        if (args. length<2) {
            System. out. println (" usage: java CopyFile sourcefile targetfile" );
            System. exit (0);
        }
        byte [ ] b = new byte [12];
        try {
            FileInputStream infile = new FileInputStream (args [0] );
            FileOutputStream targetfile = new FileOutputStream (args [1] );
            while (true) {
                int byteRead = infile. read (b);    //从文件读数据给字节数组
                 if (byteRead == -1)                //在文件尾，无数据可读
                    break; //退出循环
                targetfile. write (b, 0, byteRead); //将读到的数据写入目标文件
            }
            targetfile. close ();
            System. out. println (" copy success!" );
        } catch (IOException e) {
        }
    }
}
```

【实训 9-2】文本文件的数据读写

【实训目的】

文本文件的数据读取方法。

【实训内容】

编写一个程序统计一个文本文件中字符 A 的个数，文件名由命令行参数提供。

【参考程序】

```
import java. io. * ;
public class readtxt {
    static String s;
    /* 方法 find 查找字符串 in 中的 A 的个数 */
```

```
public static int find (String in){
    int n=0;
    int counter=0;
    while (n! =-1) {
        n=in. indexOf ( (int) 'A', n+1);
        counter++;
    }
    return counter-1;
}
public static void main (String [ ] args) {
    try {
        int n=0;
        FileReader file=new FileReader (args [0] );
        BufferedReader in = new BufferedReader (file);
        boolean eof =false;
        while (! eof) {
            String x=in. readLine ();     //从文件中读一行
            if (x= =null) {               //判断是否文件结束
                eof=true;
            }
            else
                s=s+x; //将内容拼接到字符串 s 上
        }
        System. out. print (" The number of A is:" +find (s) );
        in. close ();
    } catch (IOException e) {
    }
}
}
```

【编程技巧】

(1) 循环利用 BufferedReader 的 readLIne () 方法从文件读一行内容，读到文件尾部时将返回 null。

（2）将读到的数据拼接到字符串 s 中，最后执行 find 方法找出 A 的个数。

【实训 9-3】综合样例

【实训目的】

（1）了解流式输入输出的基本原理。

（2）掌握类 File、FileInputStream、FileOutputStream 的使用方法。

【实训内容】

输入 5 个学生的信息（包含学号、姓名、3 科成绩），统计各学生的总分，然后将学生信息和统计结果存入二进制数据文件 STUDENT. DAT 中；从建立的 STUDENT. DAT 文件中读取数据，寻找平均分最高的学生，并输出该学生的所有信息。

/＊建立的 Student 类，成员变量主要有姓名、学号、语文成绩、数学成绩、英语成绩，以及总分，构造与此相关的 set 和 get 方法，与重载的构造方法来赋值。＊/

```
import java.io.Serializable;

public class Student implements Serializable {
    private int number;
    private String name;
    private int ChinScore;
    private int MathScore;
    private int EngScore;
    private int num;

    public Student (int number, String name, int ChinScore, int MathScore, int EngScore, int num) {
        this.setNumber (number);
        this.setName (name);
        this.setChinScore (ChinScore);
        this.setMathScore (MathScore);
        this.setEngScore (EngScore);
        this.setNum (num);
    }
```

```
public Student () {
}


public void setNumber (int number2) {
this. number = number2;
}
public int getNumber () {
return number;
}


public void setName (String name) {
this. name = name;
}
public String getName () {
return name;
}


public void setChinScore (int chinScore) {
ChinScore = chinScore;
}
public int getChinScore () {
return ChinScore;
}


public void setMathScore (int mathScore) {
MathScore = mathScore;
}
```

```
        public int getMathScore () {
        return MathScore;
        }

        public void setEngScore (int engScore) {
        EngScore = engScore;
        }
        public int getEngScore () {
        return EngScore;
        }

        public void setNum (int num) {
        this. num = num;
        }
        public int getNum () {
        return num;
        }
    }
```

/*. 建立 StudentInfo 类，用于输入学生信息，并将其存储于 STUDENT. DAT 文件中，然后读取其中内容，判断后把总分最高的学生信息输出。*/

```
    package test4;
    import java. io. * ;
    import java. util. Scanner;
    public class StudentInfo {
        public static void main (String [ ] args) throws IOException {
            StudentInfo si=new StudentInfo ();
            int [ ] number=new int [5];
            Student [ ] stu=new Student [5];
            String [ ] name=new String [5];
            int [ ] ChinScore=new int [5];
            int [ ] MathScore=new int [5];
```

```
int [ ] EngScore=new int [5];
FileInputStream fis = null;
FileOutputStream   fos=null;
ObjectInputStream ois;
File file=new File (" D: /STUDENT. DAT" );
if (! file. exists ( ) ) {
    try {
        file=new File (" D: /STUDENT. DAT" );
    } catch (Exception e) {
        e. printStackTrace ( );
    }
}
fis=new FileInputStream (file);
ois=new ObjectInputStream (fis);
fos=new FileOutputStream (file);
ObjectOutputStream o=new ObjectOutputStream (fos);
Student [ ] student=new Student [5];

try {
    for (int i=0; i<5; i++) {
        Scanner s=new Scanner (System. in);
System. out. println (" \ n 请输入第" + (i+1) +" 个学生的学号:" );
        number [i] =s. nextInt ( );
System. out. print (" \ n 请输入第" + (i+1) +" 个学生的姓名:" );
        name [i] =s. next ( );
System. out. print (" \ n 请输入第" + (i+1) +" 个学生的语文成绩:" );
        ChinScore [i] =s. nextInt ( );
System. out. print (" \ n 请输入第" + (i+1) +" 个学生的数学成绩:" );
        MathScore [i] =s. nextInt ( );
System. out. print (" \ n 请输入第" + (i+1) +" 个学生的英语成绩:" );
        EngScore [i] =s. nextInt ( );
        int num=ChinScore [i] +MathScore [i] +EngScore [i];
```

```
                stu [i] =new
        Student (number [i], name [i], ChinScore [i], MathScore [i], EngScore
[i], num);
                o. writeObject (stu [i] );
            }
        } catch (FileNotFoundException e) {
          e. printStackTrace ();
        }
        Student st=new Student ();
        for (int j=0; j<5; j++) {
            try {
                student [j] = (Student) ois. readObject ();
                 System. out. println (" 第" + (j+1) +" 个学生的总成绩为" +
student [j] . getNum () );
        } catch (Exception e) {
            e. printStackTrace ();
        }
    }
    for (int m=0; m<5; m++) {
        while (m<4) {
            if (student [m] . getNum () >student [m+1] . getNum () ) {
                st=student [m];
                student [m] =student [m+1];
                student [m+1] =st;
                m++;
            }
            else m++;
        }
    }
  System. out. println (" 平均分最高的学生信息: 姓名:" +student [4] . getName ()
+" 学号:" +student [4] . getNumber () +" 语文成绩:" +student [4] . getChinScore ()
+" 数学成绩:" + student [4] . getMathScore () +" 英语成绩:" + student [4]
```

```
. getMathScore ( ) ) ;
    }
}
```

拓展练习

(1) 以下程序将一组数据写入文件，然后从文件读出数据显示，请将程序补充完整。

```
import java. io. * ;
public class exercise1 {
    public static void main (String [ ] args) {
        int [ ] intArray= {1, 2, 3, 4, 5} ;
        int j;
        try {
            DataOutputStream out = new DataOutputStream (
                                    new FileOutputStream (" data. dat" ) ) ;
            for (j=0; j<intArray. length; j++)
                out. ________ (intArray [j] ) ;
            out. close ( ) ;
            DataInputStream in =new DataInputStream (
            new ________ (" data. dat" ) ) ;
            while (in. available ( )! =0) {
                j=in. readInt ( ) ;
                System. out. println (j) ;
            }
            in. close ( ) ;
        } catch (IOException e) {
        }
    }
}
```

(2) 以下程序利用随机访问方式输出一个文本文件的内容，请将程序补充完整。

```
import java. io. * ;
```

```
public class exercise2 {
    public static void main (String [ ] args) {
        try {
            long filePoint=0;
            String s;
            RandomAccessFile file
    file =new RandomAccessFile (" file1. txt", " r" );
            long fileLength =file. length ( );
            while (filePoint <fileLength) {
                s=file. readLine ( );
                System. out. println (s);
                filePoint=file. getFilePointer ( );
            }
            file. close ( );
        } catch (IOException e) {
            // TODO Auto-generated catch block
            e. printStackTrace ( );
        }
    }
}
```

(3) 编程：检查 D：\ STUDENT. DAT 文件是否存在，若在则显示该文件的名称和内容，否则重新创建文件。

【参考程序】

/ * 建立 Check 类，用于判断该目录下文件夹是否存在，存在则输出该文件的内容，否则重新创建文件。* /

```
import java. io. * ;
public class Check {
    public void CheckExist (String filePath) throws IOException {
        File file=new File (filePath);
        if (file. exists ( ) ) {
        System. out. println (" 该文件存在。" +file. getAbsolutePath ( ) );
```

```
            try {
                System. out. println (" 读取文件内容... " );
                FileInputStream fis=new FileInputStream (file);
                int i=fis. read ();
                while (i! =-1)
                  {
                    System. out. print ( (char) i);
                    i=fis. read ();
                  }
                fis. close ();

            } catch (FileNotFoundException e) {
                e. printStackTrace ();
            }
            finally {
        System. out. println (" \n 读取文件完成!" );
            }
        }
        else {
            System. out. println (" 该文件不存在!" );
            System. out. println (" \r\n" +" 创建文件... :" );
            file. createNewFile ();
            System. out. println (" \r\n" +" 创建文件成功。" );
        }
    }
    public static void main (String [ ] args) {
        try {
            Check check=new Check ();
            String filePath=" D: /setuplog. txt" ;
            check. CheckExist (filePath);
        } catch (IOException e) {
            // TODO Auto-generated catch block
```

```
            e. printStackTrace ( );
        }
    }
}
```

(4) 接收键盘输入的字符串，用 FileInputStream 类将字符串写入文件，用 FileOutput-Stream 类读出文件内容显示在屏幕上。

```
import java. io. * ;
public class exercise4 {
    public static void main (String [ ] args) {
        try {
            System. out. println (" Pleaseinput:" );
            File myfile = new File (" save. txt" );
            byte [ ] outCh = new byte [100];
            int bytes = System. in. read (outCh, 0, 100);
            //将文件读入二进制数组中
            FileOutputStream Fout = new FileOutputStream (myfile);
            Fout. write (outCh, 0, bytes);
            //将数组中的字节输入这个流中
            byte [ ] inCh = new byte [bytes];
            FileInputStream Fin = new FileInputStream (myfile);
            Fin. read (inCh);
            System. out. println (new String (inCh) );
        } catch (IOException e) {
            System. out. println (e. toString ( ) );
        }
    }
}
```

课后习题

1. 填空题

(1) Java 中的 IO 流，按照传输数据不同，可分为________和________。

(2) 在 Java 中，________类用于操作磁盘中文件和目录，位于________包中。

(3) 在 Java 中，________类用来把两个或更多的 InputStream 输入流对象合并为单个 InputStream 输入流对象使用。

(4) Java 中提供了一个类________，它不但具有读写文件的功能，并且可以随机地从文件的任何位置开始执行读写数据的操作。

(5) 在 Java 中，能实现线程间通信的流是________。

(6) Java 中提供了一个可以在读文件的同时记录行号的类，这个类是________，它是________的直接子类，它通过________和 ________方法设置和获取当前行号。

(7) InputStreamReader 类是用于将________转换为________。

(8) System. out 是________类的对象，称为标准输出流，调用 System 类的________方法可以实现标准输出流的重定向。

(9) Java 中一个字符占用两个字节，所有字符采用的都是________码表。

(10) BufferedWriter 的________方法可以写入一个换行符。

2. 选择题

(1) 下面选项中，属于标准输入输出流的是（　　）。(多选)

A. System. In　　　　B. System. Out

C. InputStream　　　　D. OutputStream

(2) 以下选项中，FileOutputStream 的父类的是（　　）。

A. File　　　　B. FileOutput

C. OutputStream　　　　D. InputStream

(3) File 类中以字符串形式返回文件绝对路径的方法是（　　）。

A. getParent（）　　　　B. getName（）

C. getAbsolutePath（）　　　　D. getPath（）

(4) 常用的字符码表是（　　）。(多选)

A. ASCII　　　　B. UTF-8

C. ISO8859-1　　　　D. GB2312

(5) 以下属于 InputStream 类的方法的是（　　）。(多选)

A. int　read（byte［］）　　　　B. void flush（）

C. void close（）　　　　D. available（）

(6) 以下选项中，使用了缓冲区技术的流是（　　）。

A. BuffereOutputStream　　　　B. FileInputStream

C. DataOutputStream　　　　D. FileReader

(7) 以下选项中，File 类 delete ( ) 方法返回值的类型是 (　　)。

A. boolean　　B. int

C. String　　D. Integer

(8) 以下选项中，可以实现一次读入多个文件的文件操作类是 (　　)。

A. FileReader　　B. BufferedReader

C. FileInputStream　　D. SequenceInputStream

第10章　多线程

知识必备

1. 线程概述

在应用程序中，不同的程序块是可以同时运行的，这种多个程序块同时运行的现象被称作并发执行。多线程就是指一个应用程序中有多条并发执行的线索，每条线索都被称作一个线程。线程会交替执行，彼此间可以进行通信。

2. 进程

在一个操作系统中，每个独立执行的程序都可称之为一个进程，也就是“正在运行的程序”。目前大部分计算机上安装的都是多任务操作系统，即能够同时执行多个应用程序。在计算机中，所有的应用程序都是由CPU执行的，对于一个CPU而言，在某个时间点只能运行一个程序，也就是说只能执行一个进程。

3. 线程与进程的比较

（1）都是程序的多个顺序的流动态执行。

（2）线程是一种轻量级的进程，同类的多个线程是共享一块内存空间和一组系统资源，线程切换的开销小。

（3）每个进程都有独立的代码和数据空间，进程切换的开销大。一个进程中可以包含多个线程。

4. 线程的创建

（1）继承Thread类创建多线程。JDK中提供了一个线程类Thread，通过继承Thread类，并重写Thread类中的run（）方法便可实现多线程。在Thread类中，提供了一个start（）方法用于启动新线程，线程启动后，系统会自动调用run（）方法，如果子类重写了该方法便会执行子类中的方法。

（2）实现Runnable接口创建多线程。通过继承Thread类实现了多线程，但是这种方式有一定的局限性。因为Java中只支持单继承，一个类一旦继承了某个父类就无法再继承Thread类。Thread类提供了另外一个构造方法Thread（Runnable target），其中Runnable是一个接口，它只有一个 run（）方法。

（3）两种实现多线程方式的对比分析。实现 Runnable 接口相对于继承 Thread 类来说，有如下显著好处，适合多个相同程序代码的线程去处理同一个资源的情况，把线程同程序代码、数据有效地分离，很好地体现出面向对象的编程思想。可以避免由于 Java 单继承带来的局限性。大多数的应用程序都会采用实现 Runnable 的方式实现多线程的创建。

（4）后台线程。对 Java 程序来说，只要还有一个前台线程在运行，这个进程就不会结束。前台线程和后台线程是一种相对的概念，新创建的线程默认都是前台线程，如果某个线程对象在启动之前调用了 setDaemon（true）语句，这个线程就变成一个后台线程。

5. 线程的生命周期

线程整个生命周期可以分为 5 个阶段：新建状态（New）、就绪状态（Runnable）、运行状态（Running）、阻塞状态（Blocked）和死亡状态（Terminated）。

6. 线程的调度

（1）线程的优先级。

①线程的优先级用 1～10 之间的整数来表示，数字越大优先级越高。优先级越高的线程获得 CPU 执行的机会越大，而优先级越低的线程获得 CPU 执行的机会越小。除了可以直接使用数字表示线程的优先级，还可以使用 Thread 类中提供的三个静态常量表示线程的优先级。

②程序在运行期间，处于就绪状态的每个线程都有自己的优先级，例如 main 线程具有普通优先级。线程优先级不是固定不变的，可以通过 Thread 类的 setPriority（int newPriority）方法对其进行设置，该方法中的参数 newPriority 接收的是 1～10 之间的整数或者 Thread 类的三个静态常量。

（2）线程休眠。如果希望人为地控制线程，使正在执行的线程暂停，将 CPU 让给别的线程，这时可以使用静态方法 sleep（long millis），该方法可以让当前正在执行的线程暂停一段时间，进入休眠等待状态。当前线程调用 sleep（long millis）方法后，在指定时间（参数 millis）内该线程是不会执行的，这样其他的线程就可以得到执行的机会了。

（3）线程让步。线程让步可以通过 yield（）方法来实现，该方法可以让当前正在运行的线程暂停。yield（）方法不会阻塞该线程，它只是将线程转换成就绪状态，让系统的调度器重新调度一次。当某个线程调用 yield（）方法之后，只有与当前线程优先级相同或者更高的线程才能获得执行的机会。

（4）线程插队。在 Thread 类中也提供了一个 join（）方法可以实现线程的插队。当在某个线程中调用其他线程的 join（）方法时，调用的线程将被阻塞，直到被 join（）方法加入的线程执行完成后它才会继续运行。

7. 多线程同步

（1）同步代码块。当多个线程使用同一个共享资源时，可以将处理共享资源的代码放置在一个代码块中，使用 synchronized 关键字来修饰，被称作同步代码块，其语法格式如下：

```
Synchronized（lock）{
操作共享资源代码块
}
```

其中：lock 是一个锁对象，它是同步代码块的关键。当线程执行同步代码块时，首先会检查锁对象的标志位，默认情况下，标志位为 1。

（2）同步方法。在方法前面同样可以使用 synchronized 关键字来修饰，被修饰的方法为同步方法，它能实现和同步代码块同样的功能，具体语法格式如下：

```
Synchronized 返回值类型 方法名（［参数 1，……］）{      }
```

被 synchronized 修饰的方法在某一时刻只允许一个线程访问，访问该方法的其他线程都会发生阻塞，直到当前线程访问完毕后，其他线程才有机会执行方法。

8. 多线程通信

（1）现代生活崇尚合作精神，分工合作在日常生活和工作中无处不在，比如一条生产线的上下两个工序，它们必须以规定的速度完成各自的工作，才能保证产品在流水线上顺利地生产。

在多线程的程序中，两个线程可以看作上下工序，这两个线程同样需要协同完成工作，这时就需要多线程之间进行通信。

（2）“生产者与消费者的问题”是一个经典的进程通信问题，它指的两个线程同时去操作同一个存储空间，其中一个线程负责向存储空间中存入数据，另一个线程负责则取出数据。当生产者线程存入数据后，消费者才能够获得数据，生产者和消费者的模式应该是按照一定的顺序轮流执行。

（3）如果想控制多个线程按照一定的顺序轮流执行，此时需要让线程间进行通信。

引导实训

【实训 10-1】线程优先级

【实训目的】

（1）了解线程的优先级。

（2）了解线程的休眠。

【实训内容】

写两个线程分别输出 1~10，一个线程的优先级比另一个高一级。

（1）观察优先级对线程调试的影响。

```
public class test1 extends Thread {
    public test1 (String name) {
        super (name);
    }
    public void run () {
        for (int k=1; k<=10; k++) {
            System.out.println (getName () +":" +k);
        }
    }
    public static void main (String [] args) {
        Thread  x1=new test1 (" first" );
        Thread  x2=new test1 (" second" );
        x1.setPriority (6);
        x2.setPriority (7);
        x1.start ();
        x2.start ();
    }
}
```

调试程序，观察哪个线程的运行机会多一些。

(2) 观察线程的睡眠时间对线程运行的影响。改进程序，给线程增加一个休息时间，优先级高的线程休息时间安排长些，给线程安排一个属性 sleep_ time，修改构造方法如下：

```
public class test1 extends Thread {
    int sleep_ time;
    public test1 (String name, int t) {
        super (name);
        sleep_ time=t;
    }
    public void run () {
```

```
        for (int k=1; k<=10; k++) {
            System.out.println (getName () +":" +k);
        }
        try {
            sleep (sleep_ time);
        } catch (InterruptedException e) {

        }
    }
    public static void main (String [] args) {
        Thread  x1=new test1 (" first", 5000);
        Thread  x2=new test1 (" second", 200);
        x1.setPriority (6);
        x2.setPriority (7);
        x1.start ();
        x2.start ();
    }
}
```

调试程序，观察哪个线程运行更快。

【实训 10-2】多线程操作

【实训目的】

(1) 掌握 Java 多线程操作。

(2) 掌握线程的创建与启动。

【实训内容】

设计一个线程操作类，要求可以产生 3 个线程对象，并可以分别设置 3 个线程的休眠时间，如下所示：

线程 A，休眠 10s

线程 B，休眠 20s

线程 C，休眠 30s。

【参考程序】

```
public class MyThread implements Runnable {
```

```
    String name;
    int time;
    public MyThread (String name, int time) {
        this. name=name;
        this. time=time;
    }

    public void run () {
        try {
            Thread. sleep (this. time);
        }
        catch (Exception e) {
        }
        System. out. println (this. name+" 线程，休眠" +this. time/1000+" 秒" );
    }

    public static void main (String args [] ) {
        MyThread mt1=new MyThread (" 线程 A", 10000);
        MyThread mt2=new MyThread (" 线程 B", 20000);
        MyThread mt3=new MyThread (" 线程 C", 30000);
        new Thread (mt1) . start ();
        new Thread (mt2) . start ();
        new Thread (mt3) . start ();
    }
}
```

【实训 10-3】生产者与消费者问题

【实训目的】

掌握线程的同步。

【实训内容】

生产者生产一台计算机，消费者马上将生产出的计算机取走。

电脑类 Computer。

```
class Computer {
    private String name;
    public static int sum=0;
    private boolean flag=true;
    public Computer (String name) {
        this. name=name;
    }
    public synchronized void set () {//生产计算机
        if (! flag) {
            try {
                super. wait ();
            }
            catch (Exception e) {
                e. printStackTrace ();
            }
        }
        sum=sum+1;
        System. out. println (" 第" +sum+" 台" +name+" 计算机被生产" );
        flag=false;
        super. notify ();

    }
    public synchronized void get () {//搬走计算机
        if (flag) {
            try {
                super. wait ();
            }
            catch (Exception e) {
                e. printStackTrace ();
            }
        }
        System. out. println (" 第" +sum+" 台" +name+" 计算机被搬走" );
```

```
            flag=true;
            super.notify ();
        }
    }
    class Producter implements Runnable {
        private Computer c=null;
        public Producter (Computer c) {
            this.c=c;
        }
        public void run () {
            for (int i=0; i<1000; i++) {
                this.c.set ();
            }
        }


    }
    class Worker implements Runnable {
        private Computer c=null;
        public Worker (Computer c) {
            this.c=c;
        }
        public void run () {
            for (int i=0; i<1000; i++) {
                this.c.get ();
            }
        }
    }
    public class Test {
        public static void main (String args [] ) {
            Computer c=new Computer (" 联想" );
            Producter p=new Producter (c);
            Worker w=new Worker (c);
```

```
        new Thread (p) .start ();
        new Thread (w) .start ();
    }
}
```

拓展练习

(1) 将以下多线程实现程序补充完整。

程序一：

```
public class exercise1 {
    public static void main (String [ ] args) {
        Hello h=new Hello ();
        Thread  t= __________;
        t.start ();
    }
}

class Hello implements __________ {
    int i;
    public void run () {
        while (true) {
            System.out.println (" Hello");
            if (i++==5)
                break;
        }
    }
}
```

程序二：

```
class SimpleThread extends __________ {
    public SimpleThread (String str) {
```

```
        super (str);
    }
    public void run () {
        for (int i = 0; i < 10; i++) {
            System. out. println (i + " " + getName () );
            try {
                sleep ( (int) (Math. random () * 1000) );
            } catch (InterruptedException e) {}
        }
        System. out. println (" DONE! " + getName () );
    }
}


public class TwoThreadsTest {
    public static void main (String [ ] args) {
        new SimpleThread (" Go to Beijing??" ) . __________;
        new SimpleThread (" Stay here!!" ) . __________;
    }
}
```

（2）有一水塘，可实现注水和排水操作。当水塘无水时不能对其再进行排水操作；当水塘水满时不能对其再进行注水操作。创建水塘类 Pond、注水线程 Injection 和排水线程 Drain，假设注水线程可以在 10min 内将水塘注满水，排水线程可以在 10min 内将水塘的水全排出。试实现水塘的注水和排水过程。

```
class Water {//水塘类
    static Object water=new Object ();
    static int total=6; //假设水塘总共的含水量为 6
    static int mqsl=3; //假设水塘中拥有含水量为 3
    static int ps=0; //假设水塘目前排水量为 0
}
```

```
class ThreadA extends Thread {//排水类
    void pswork () {
        synchronized (Water. water) {
            System. out. println (" 水塘是否没有水：" +isEmpty () );
            if (isEmpty () ) {
                try {
                    Water. water. wait ();
                } catch (InterruptedException e) {
                    e. printStackTrace ();
                }
            }
            else {
                Water. ps++;
                System. out. println (" 水塘目前排水水量 " +Water. ps);
            }
        }
    }
    public void run () {
        while (Water. mqsl<Water. total) {
            if (isEmpty () )
                System. out. println (" 水塘目前没有水，排水线程被挂起" );
            System. out. println (" 排水工作开始" );
            pswork ();
            try {
                sleep (1000);
            } catch (InterruptedException e) {
                e. printStackTrace ();
            }
        }
    }
    public boolean isEmpty () {
        return Water. mqsl = =Water. ps? true: false;
```

```
        }
    }

class ThreadB extends Thread {//进水类
        void jswork ( ) {
            synchronized (Water. water) {
                Water. mqsl++; //假设水塘每小时进水量为 1
                Water. water. notify ( );
                System. out. println (" 水塘目前进水量为 " +Water. mqsl);
            }
        }
        public void run ( ) {
            while (Water. mqsl<Water. total) {
                System. out. println (" 进水工作开始" );
                jswork ( );
                try {
                    sleep (3000);
                } catch (InterruptedException e) {
                    e. printStackTrace ( );
                }
            }
        }
}

public class TxThread {
        public static void main (String [ ] args) {
            ThreadA threadA=new ThreadA ( );
            ThreadB threadB=new ThreadB ( );
            threadB. start ( );
            threadA. start ( );
        }
}
```

课后习题

1. 填空题

（1）一个应用程序中有多条并发执行的线索，每条线索都被称作一个________，它们会交替执行，彼此间可以进行________。

（2）在实现多线程的程序时有两种方式：一是通过继承________类；二是通过实现________接口。

（3）yield（）方法只能让相同优先级或者更高优先级、处于________状态的线程获得运行的机会。

（4）在Java语言中，同步方法需要用到关键字________，对于同步方法而言无需指定同步锁，它的同步锁是方法所在的________，也就是________（关键字）。

（5）在多任务系统中，每个独立执行的程序称之为________，也就是“正在运行的程序”。

（6）线程的整个生命周期分为5个阶段，分别是________、________、________、________、和________。

（7）线程的优先级用1~10之间的整数来表示，其中________代表优先级最高，________代表优先级最低。

（8）在Thread类中，提供了一个start（）方法，该方法用于________，当新线程启动后，系统会自动调用________方法。

（9）要想解决线程间的通信问题，可以使用________、________、________方法。

（10）要将某个线程设置为后台线程，需要调用该线程的________方法，该方法必须在________方法之前调用。

2. 选择题

（1）Thread类位于下列（　　）包中。

A. java. io　　B. java. lang　　C. java. util　　D. java. awt

（2）关于线程的创建过程，下面说法中正确的有（　　）。（多选）

A. 定义Thread类的子类，重写Thread类的run（）方法，创建该子类的实例对象，调用对象的start（）方法

B. 定义Thread类的子类，重写Thread类的run（）方法，创建该子类的实例对象，调用对象的run（）方法

C. 定义一个实现Runnable接口的类并实现run（）方法，创建该类实例对象，将其作为参数传递给Thread类的构造方法来创建Thread对象，调用Thread对象的start（）

方法

D. 定义一个实现 Runnable 接口的类并实现 run（）方法，创建该类对象，然后调用 run（）方法

（3）对于通过实现 Runnable 接口创建线程，下面说法中正确的有（　　）。(多选)

A. 适合多个相同程序代码的线程去处理同一个资源的情况

B. 把线程同程序代码、数据有效地分离，很好地体现了面向对象设计思想

C. 可以避免由于 Java 的单继承带来的局限性

D. 编写简单，可以不通过 Thread 类直接创建线程

（4）对于线程的生命周期，下面说法中正确的有（　　）。(多选)

A. 调用了线程的 start（）方法，该线程就进入运行状态

B. 线程的 run（）方法运行结束或被未 catch 的 InterruptedException 等异常终结，那么该线程进入死亡状态

C. 线程进入死亡状态，但是该线程对象仍然是一个 Thread 对象，在没有被垃圾回收器回收之前仍可以像引用其他对象一样引用它

D. 线程进入死亡状态后，调用它的 start（）方法仍然可以重新启动

（5）对于死锁的描述，下面说法中正确有（　　）。(多选)

A. 当两个线程互相等待对方释放同步锁时会发生死锁

B. Java 虚拟机没有检测和处理死锁的措施

C. 一旦出现死锁，程序会发生异常

D. 处于死锁状态的线程处于阻塞状态，无法继续运行

（6）线程调用 sleep（）方法后，该线程将进入以下（　　）状态。

A. 就绪状态　　B. 运行状态　　C. 阻塞状态　　D. 死亡状态

（7）在以下（　　）情况下，线程进入就绪状态。

A. 线程调用了 sleep（）方法时　　B. 线程调用了 join（）方法

C. 线程调用了 yield（）方法时　　D. 线程调用了 notify（）方法

（8）下面选项中，对线程同步的目的描述正确的有（　　）。(多选)

A. 锁定资源，使同一时刻只有一个线程去访问它，防止多个线程操作同一个资源引发错误

B. 提高线程的执行效率

C. 让线程独占一个资源

D. 让多个线程同时使用一个资源

(9) 对于 wait ( ) 方法，下面说法中正确的是（　　）。(多选)

A. wait ( ) 方法的调用者是同步锁对象

B. wait ( ) 方法使线程进入等待状态

C. 调用同一锁对象的 notify ( ) 或 notifyAll ( ) 方法可以唤醒调用 wait ( ) 方法等待的线程

D. 调用 wait ( ) 方法的线程会释放同步锁对象

参考文献

[1] 贾宇波. Java 程序设计基础 [M]. 北京：人民邮电出版社，2016.

[2] 陈承欢. Java 程序设计任务驱动教程 [M]. 北京：清华大学出版社，2016.

[3] 杨晓燕. Java 面向对象程序设计实践教程 [M]. 北京：人民邮电出版社，2015.

[4] 谭浩强. Java 编程技术 [M]. 北京：清华大学出版社，2013.

[5] 戴特尔. Java 程序员教程 [M]. 北京：电子工业出版社，2015.

[6] Bruce Eckel. Java 编程思想 [M]. 陈昊鹏，译. 北京：北京希望电子出版社，2002.

[7] 明日科技. JAVA 从入门到精通（实例版）[M]. 北京：人民邮电出版社，2014.

[8] 传智播客. Java 基础案例教程 [M]. 北京：人民邮电出版社，2014.